柠檬班

# 企业级性能测试实战
## 从入门到精通

柠檬班◎著

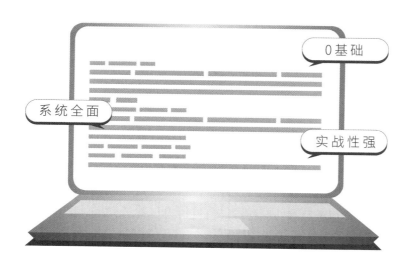

0基础

系统全面

实战性强

★ 系统性能理论　　★ JMeter全流程测试

★ 企业项目实战分析　★ 全链路平台监控

软件测试工程师
一站式学习平台

天津出版传媒集团

天津科学技术出版社

**图书在版编目（CIP）数据**

企业级性能测试实战从入门到精通 / 柠檬班著 . --
天津 : 天津科学技术出版社 , 2023.5

ISBN 978-7-5742-0454-6

Ⅰ . ①企… Ⅱ . ①柠… Ⅲ . ①软件 – 测试 Ⅳ .
① TP311.562

中国版本图书馆 CIP 数据核字（2022）第 150974 号

---

企业级性能测试实战从入门到精通
QIYEJI XINGNENG CESHI SHIZHAN CONG RUMEN DAO JINGTONG
责任编辑：刘　磊

| 出　　版： | 天津出版传媒集团 |
| | 天津科学技术出版社 |

地　　址：天津市西康路 35 号

邮　　编：300051

电　　话：（022）23332695

网　　址：www.tjkjcbs.com.cn

发　　行：新华书店经销

印　　刷：武汉市籍缘印刷厂

---

开本 787×1092 1/16 印张 16 字数 200 000

2023 年 5 月第 1 版第 1 次印刷

定价：68.00 元

# 目 录
## CONTENTS

第 1 章　性能测试基础......................................................001

　　1.1　性能测试思维......................................................001

　　1.2　性能测试概念......................................................001

　　1.3　性能测试的分类....................................................002

　　1.4　性能测试指标......................................................003

　　1.5　性能测试的工作流程................................................004

　　1.6　产品性能测试的必要性..............................................006

　　1.7　产品开展性能测试的条件............................................007

　　1.8　性能测试工具介绍..................................................008

第 2 章　性能测试工具 JMeter..............................................009

　　2.1　JMeter 的安装说明.................................................009

　　2.2　JMeter 编写和录制脚本.............................................018

　　2.3　JMeter 脚本增强...................................................024

　　2.4　DDT 数据驱动性能测试（一）........................................043

　　2.5　JMeter 元件作用域与优先级.........................................046

　　2.6　用户定义变量与用户参数的区别......................................047

　　2.7　JMeter 编写其他协议脚本...........................................052

　　2.8　DDT 数据驱动性能测试（二）--造数据.................................072

第 3 章　性能场景设计.....................................................078

　　3.1　普通测试场景......................................................078

　　3.2　负载测试场景......................................................082

　　3.3　压力测试场景......................................................087

　　3.4　面向目标场景......................................................088

3.5 混合场景................................091

3.6 波浪形场景................................095

## 第4章 性能测试的监控................................098

4.1 ServerAgent 监控器................................098

4.2 nmon 监控器................................101

4.3 Grafana+influxdb+JMeter 可视化监控平台................................108

4.4 Grafana+Prometheus+node_exporter 监控平台................................114

4.5 CLI 模式与分布式................................119

4.6 性能测试持续集成................................125

## 第5章 性能分析................................129

**服务器架构演进——阶段一**................................129

5.1 Linux 性能分析................................130

5.2 CPU 性能分析................................146

5.3 内存性能测试................................155

5.4 磁盘性能分析................................170

5.5 网络性能分析................................179

**服务器架构演进——阶段二**................................187

5.6 服务器中间件................................187

**服务器架构演进——阶段三**................................205

5.7 数据库................................206

**服务器架构演进——阶段四**................................237

5.8 容器化................................238

5.9 章节小结................................249

# 第 1 章 性能测试基础

## ◎ 1.1 性能测试思维

在系统性学习性能测试之前，有个话题一定要聊，那就是测试思维的改变。

功能测试、自动化测试的目标各不相同，功能测试聚焦于发现产品的功能性漏洞（bug），而自动化测试主要是为了解决测试效率的问题，而且功能测试和自动化测试的执行，大多数情况下无须考虑到产品高并发的场景，但是性能测试不一样，性能测试以发现产品性能问题为测试目的，尤其是很多性能问题的出现都是因为高并发导致的，所以，功能测试、自动化测试、性能测试本身会因为岗位职能不一样，直接导致这些岗位的技术能力不一样、工作思维不一样。性能测试的方法、能力、经验是一个积累的过程，当经验累积到一定程度后，自然就会建立起系统的性能测试思维，那么你在制定测试计划，设计测试场景，编写测试用例时，就会下意识地去考虑多并发的场景，会根据经验判断产品在哪些功能模块会比较容易出现性能问题。

本书将从理论到实战，层层递进，阐述每一部分性能测试概念的同时，结合相应的项目实战，让大家一步步掌握性能测试的方法，引导大家思考并建立性能测试思维。

## ◎ 1.2 性能测试概念

**性能**：我们在日常生活中评价一个物品的性能好坏，会站在不同的角度给出不同的数据来衡量物品的性能。其实产品的服务器性能也一样，也能从不同的角度用数据来衡量。如从时间角度可以看服务器的响应时间，从处理能力角度会有 TPS 指标，从服务器资源使用情况可以知道资源利用率情况。

**性能测试**：广义上的性能测试是只要能得出性能相关数据的测试，都可以算性能测试；狭义的性能测试是要通过工具找出或验证系统在不同工况下的性能指标。

## ◎ 1.3 性能测试的分类

性能测试是一个统称，它其实包含多种类型，如负载测试、压力测试、并发测试、配置测试等，每种测试类型都有其侧重点，下面对这几个主要的性能测试种类分别进行介绍。

**负载测试：** 负载测试是指逐步增加系统负载来测试系统性能的变化，并最终确定在满足系统性能指标的情况下，系统所能够承受的最大负载。

比如一辆车荷载 5 吨，这个 5 吨是经过多次装载不同重物，反复测量最终得出荷载量，性能测试中的负载测试也是一样的原理，通过逐步增加并发用户数，对被测服务器发起请求，观察服务器在多少并发用户数时出现性能拐点，这个拐点就是服务器性能的"荷载量"。

**压力测试：** 压力测试是指逐步增加系统负载来测试系统性能的变化，并确定在什么负载下系统性能会处于失效状态，获得系统能提供的最大服务量级，如让系统处于 CPU、内存使用饱和，系统崩溃等很大工作压力之下，观察系统是否稳定或是否会出问题。压力测试与负载测试区别是：负载测试是在满足性能指标要求的前提下测试系统能够承受的最大负载，而压力测试则是使系统性能达到极限的状态。例如某软件系统正常的响应时间为 2s，通过负载测试确定访问量超过 1万时响应时间会变慢，压力测试则继续增加用户访问量观察系统的性能变化，当用户增加到 2 万时系统响应时间为 3s，当用户增加到 3 万时响应时间为 4s，当用户增加到 4 万时系统崩溃无法响应，由此确定系统能承受的最大用户访问量级为 4 万。

**并发测试：** 并发测试是指多个用户同时访问同一个系统、业务或者数据记录时，被访问服务是否存在死锁、资源争抢等问题，所以大部分的性能测试都会涉及一些并发测试。

**可靠性测试：** 可靠性测试是指系统增加一定负载，并使系统持续运行一段时间，测试系统是否稳定或存在内存溢出等问题。可靠性测试的关注点是"稳定"，不需要给系统太大的压力，只要系统能够长期处于一个稳定的状态即可。

**容量测试：** 容量测试是指在一定的软、硬件条件下，在数据库数据量级不同的情况下，对系统中读写比较多的业务进行测试，获取系统在不同数据量级数量时的性能指标值。数据库是数据存储的重要设备，当数据量比较少时获取数据的时间差异不大，但是当数据量达到一定数量级后时间差异就非常大了，所以在容量测试时特别要重视数据库表的数据量级，要保证测试环境的表数据量级与生产环境预期的一致，这个预期的数据量级，可以以生产环境表的数据量级作为参考，也可以以未来可能的数据量作为参考。

## ◎ 1.4 性能测试指标

性能测试指标对于性能测试的结果分析非常重要，主要有如下几个。

**并发**：狭义的并发是指多个人在同一时间执行相同的操作。广义的并发是指多个人在同一时间执行操作。它们差异在于执行的操作是否相同，现实中软件的真实并发大多是广义并发。性能测试中添加集合点，其实是人为地把广义并发变成狭义并发。

**并发用户数**：在同一时间发起请求的用户数，性能测试是通过并发用户数，模拟真实用户访问产品的行为。并发用户是性能测试执行的源动力。在 JMeter 中，默认是用线程数来模拟并发用户数。

**事务**：事务是指向服务器发起请求后服务器做出反应的过程。在 JMeter 中，默认一个接口请求一次就是一个事务。

**响应时间**：包含了网络传输请求时间、服务器处理时间、网络传输响应时间，其中，服务器处理时间通常受到代码处理请求的业务逻辑的影响，而且这个时间也是我们重点关心的一个时间，它能反映出我们代码中的缺陷和业务逻辑处理的优化点。而网络传输请求和响应时间，通常情况下取决于网络质量。

**TPS**：TPS(Transaction Per Second) 服务器每秒处理的事务数，是衡量服务器处理能力的最主要的性能指标。大部分性能测试都会以这个值作为性能衡量值。

**QPS**：QPS(Queries Per Second) 每秒查询率，TPS 和 QPS 存在一个正比例线性关系，QPS 大，TPS 也大，所以在一些项目中会把 QPS 当 TPS 使用

**HPS**：HPS(Hit Per Second) 每秒点击率，这个指标只在有用户界面时，才会使用。

**RPS**：RPS(Request Per Second) 每秒请求数。用户端每秒向服务器发起的请求数。

**吞吐量**：单位时间内通过网络的事务数，是衡量网络的重要指标。

**吞吐率**：单位时间内通过网络的数据量，单位是 KB/S。每秒钟网络传输了多少

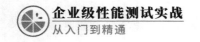

KB 的数据，可以换算出占用的带宽，从而判断网络带宽是否为性能瓶颈。

**资源利用率：** 是指服务器资源的使用程度。如服务器的 CPU、内存、磁盘、网络、IO 使用率。这些资源的使用率在性能测试需要使用监控工具或监控平台来收集数据。

## ◎ 1.5 性能测试的工作流程

性能测试的工作流程比功能测试、自动化测试的时间要长很多，工作难度也更复杂。

### 1. 性能测试准备

性能测试准备是性能测试前的准备工作，主要的工作有：

（1）熟悉需求与业务；

（2）确认性能需求的必要性；

（3）明确性能需求、量化性能指标；

（4）熟悉项目架构、通信协议；

（5）理清需求数据请求流；

（6）掌握需求中涉及的系统核心文件与关键参数；

（7）掌握项目各系统环境搭建；

（8）负载机器准备；

（9）指定性能测试计划；

（10）设计性能测试模型；

（11）评估性能测试工作量。

### 2. 性能环境搭建

性能测试环境原则上不能用生产环境，也不能用功能测试或自动化测试环境，需要独立搭建。性能测试环境不仅包括软件运行的一整套环境，还包括监控环境和性能测试机器环境，软件运行的环境一般要求硬件配置与生产保持一致，操作系统参数、服务参数也要与生产保持一致，但是机器数量、集群数量可以适当缩小。监控环境则需要独立机器搭建，并且尽可能做到对产品各个系统、各个服务进行全面监控，越全面越好。该阶段主要工作有：

（1）申请服务器硬件资源；

（2）申请服务器网络配套资源；

（3）检查、调试服务器操作系统参数；

（4）搭建产品服务环境；

（5）调试产品服务间网络环境；

（6）搭建服务监控环境；

（7）检查、调试性能测试机操作系统参数；

（8）调试性能测试机与产品服务器间网络。

对于测试人员来说，从服务器资源申请、网络配置到产品运行环境搭建，这是一个有难度、有挑战性的工作，在企业中性能测试人员可以寻求企业中其他人员的帮助，以提高工作效率，但是核心文件和关键参数，自己必须全面掌握。

### 3. 性能脚本开发

性能测试需要通过工具或代码编写脚本，不同的协议可能会选择不同的工具或写出不同的脚本，所以一般建议选择一款兼容性比较强，学习、使用成本相对较低，性能测试数据比较准确，结果分析能力较强的性能测试工具，JMeter 可能是当下大多时候的最优选择。

该阶段主要工作有：

（1）编写性能脚本，并调试通过；

（2）根据性能需求，实现性能测试场景，并模拟测试通过；

（3）研究、分析性能测试脚本自身性能，并做好优化；

（4）准备或建造性能测试数据；

（5）性能脚本在多负载机上调试通过。

### 4. 性能测试执行

性能测试的执行在性能测试中是非常重要的一环，需要观察测试过程中各种数据并进行及时、针对性的调整。该阶段主要工作有：

（1）项目数据库数据建造；

（2）性能场景的执行与调整；

（3）性能测试过程监控与及时；

（4）服务器资源监控与及时分析；

（5）网络资源监控与及时分析；

（6）负载机资源监控与及时分析；

（7）测试数据分析；

（8）性能测试记录。

### 5. 性能结果分析与调优

虽然在性能测试执行中有做过一些初步性能分析，但性能测试整体执行结束后，还需要规整各种数据进行综合分析。该阶段主要工作有：

（1）规整一次性能测试执行的各种数据；

（2）对一次执行结果的数据进行整体分析；

（3）对多次执行结果数据进行综合分析；

（4）分析、定位、调优性能问题，再执行。

分析的总体思路是：先做硬件分析，再做网络瓶颈分析，然后做服务器操作系统参数分析，最后做应用服务瓶颈分析。性能的调优与测试人员的技能和经验有很大关系，要做好这件事情，需要不断学习和积极地寻求同事帮助。

### 6. 编写测试报告与跟踪

对一个需求做完性能测试之后要对结果进行分析并整理性能测试报告，测试过程中发现的性能问题有些可以及时调优解决，有些暂时解决不了的需要后续跟踪。该阶段主要工作有：

（1）规整整个测试过程和测试数据，编写性能测试报告；

（2）调优性能测试问题；

（3）记录、跟踪、再验证性能问题。

## ◎ 1.6 产品性能测试的必要性

性能测试可以找出性能指标值，也可以帮助定位产品性能问题，但并不是产品都适合做性能测试的，如果企业产品还处于开发阶段，功能测试还没有测试通过，这个时候若进行性能测试，基本上就是做无用功，因为代码随时都可能变化，代码变动了相应的资源消耗情况就可能发生变化，性能指标也就变了。另外因为性能测试成本很高，当产品的用户量很少或使用频率也比较低时，性能测试的效益比就会很低，对企业来说也不是很合适的。

在开始做性能测试之前要先做必要性研究，对关键项进行评估。

表1-1  必要性研究

| 评估项 | 是否做性能测试 |
|---|---|
| 有主管部门监管、部门审查或者合同明确规定的 | ☑并出具性能测试报告的 |
| 涉及生命、财产安全、国计民生的系统 | ☑ |
| 大型系统中核心功能 | ☑ |
| 普通产品的核心功能 | ☑ |
| 产品中最挣钱的业务，产品中用户使用率最高的功能，产品中独一无二的竞争力点 | ☑ |
| 架构调整 | ☑ |
| 重大缺陷修复 | ☑ |
| 其他 | 看企业具体要求 |

一般来说符合上面这些情况的，都是默认要做性能测试的。

# ◎ 1.7 产品开展性能测试的条件

### 1. 独立的性能测试环境

性能测试原则上不能使用生产环境，也不能用功能测试或自动化测试环境，需要独立搭建性能测试环境。性能测试会使用较大的带宽，如果有性能问题还会出现服务器出错或不稳定的问题，使用生产环境可能会影响生产环境用户使用，同时测试过程中可能会产生大量的数据和日志，如果测试人员技能有所欠缺，可能导致生产数据库出现脏数据和无效日志。如果使用功能测试或自动化测试环境可能影响正常的功能、自动化测试活动的开展，另外功能测试、自动化测试用的环境，硬件配置一般都会比生产环境低，数据库的数据量级也比生产要低，用这样的环境做出的性能测试指标结果，是不能反映生产环境的真实性能的。

对于产品还没有上线或测试人员完全有能力杜绝上面这些问题的发生，就可以考虑在生产环境中做性能测试。

### 2. 独立网络

性能测试需要使用大量用户并发请求服务器，这样在网络中有大量数据传输会占用比较高的带宽，所以原则上建议性能测试使用独立网络环境，以免影响公司其他同事正常工作。

# ◎ 1.8 性能测试工具介绍

性能测试要借用工具或编写代码来实现模拟多用户的并发，推荐大家使用成熟的性能测试工具来提升工作效率，市面上成熟的主流工具有如下几种。

**Loadruner**：是一款企业级的、成熟的性能测试工具，但这款工具过于"臃肿"，现在企业中更多的是使用 JMeter 做性能测试。

**JMeter**：是一款免费的、开源的、用 java 编写的、可以跨平台的性能测试工具，它也可以用于做接口测试、自动化测试，学习门槛低，推荐大家使用。

**wrk/ab**：这两个软件是轻量型的性能测试工具，比较适合做单协议、快捷性能测试，不适合做复杂的、多协议性能测试。

**Ngrinder**：是当前比较热门的、新的开源性能测试工具，支持 jython 和 groovy 两种语言编写脚本。一般有程序语言开发能力的团队，会基于 ngrinder，进行二次开发，作为自己公司内部的性能测试平台。

**Locust**：是一个 python 库，使用协程的方式来模拟多用户并发，且 python 语言比较容易学习并掌握，所以这个库还是深受性能测试人员的喜欢。

# 第 2 章　性能测试工具 JMeter

## ◎ 2.1 JMeter 的安装说明

JMeter 是 Apache 托管的一个免费的、开源的、用 java 开发的，支持接口、自动化、性能测试的工具，它几乎支持所有的协议且上手非常容易，所以运用也非常广泛。因为它是用 java 语言开发的，所以它运行的环境依赖 JRE(Java Runtime Environment)，电脑中必须配置 java 运行环境 JRE 或者 JDK(Java Development Kit)。

### 2.1.1 JMeter的安装

1. 安装 JDK。先下载对应版本的 JDK 文件，然后双击 exe 文件，开始安装，安装步骤如下。

图2-1-1　JMeter-jdk-1

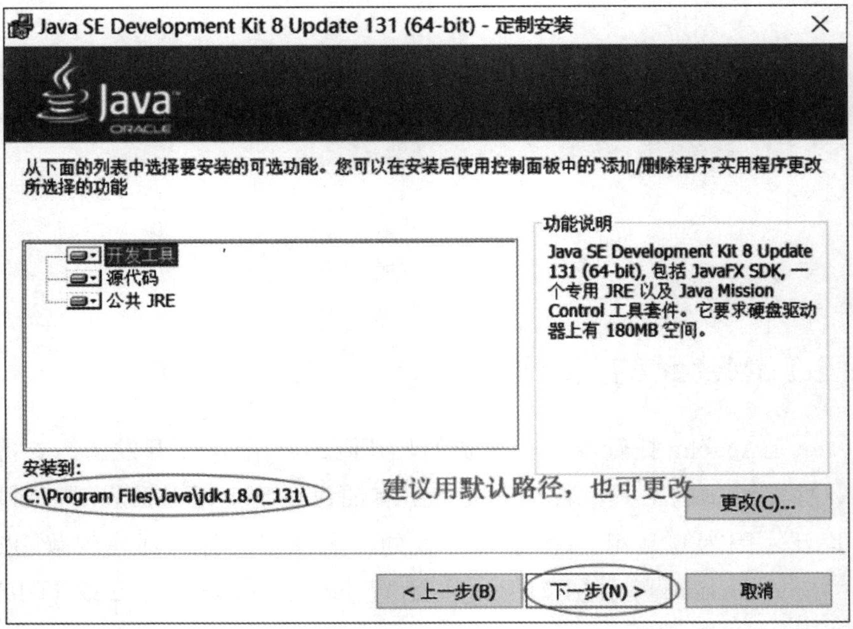

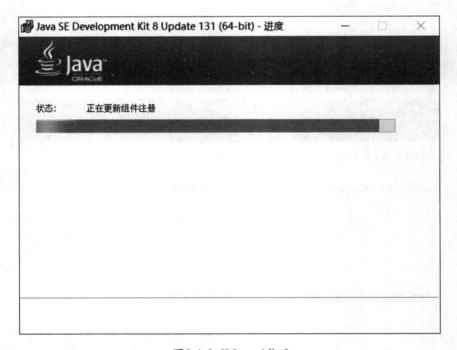

图2-1-2 JMeter-jdk-2

图2-1-3 JMeter-jdk-3

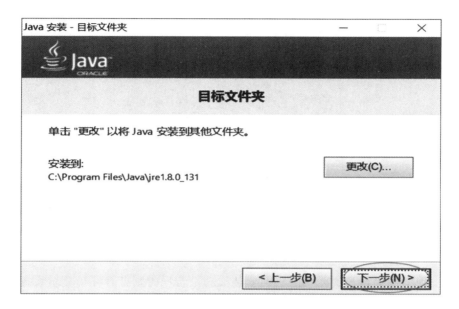

图2-1-4 JMeter-jdk-4

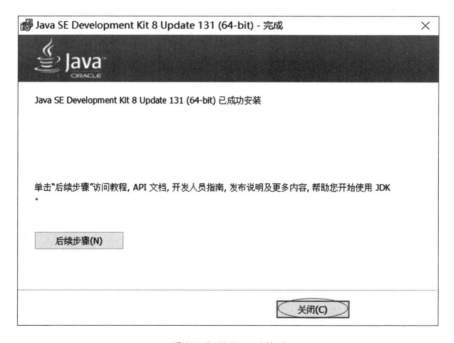

图2-1-5 JMeter-jdk-5

2. 检查 jdk 是否安装成功。打开 dos 窗口，输入"java -version"，如下图：

图2-1-6 JMeter-java-version

若出现上图提示，说明 jdk 已经安装成功，若报错则打开环境变量设置进行修改，如下图。

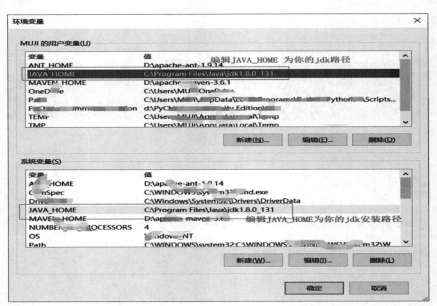

图2-1-7 JMeter-java-home

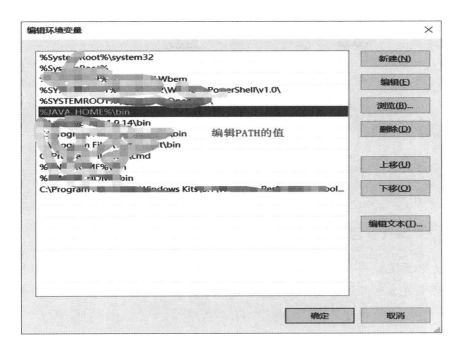

图2-1-8 JMeter-jre-home

完成编辑后，点击确定后重新在 dos 窗口中，输入"java -version"，检查 jdk 是否安装成功。

3. 安装 JMeter。从 JMeter 官网下载"apache-jmeter-5.1.1.zip"文件到电脑任意目录，然后解压。进入解压后的 bin 文件夹中，找到'jmeter.bat'双击执行，即可启动 JMeter 的 GUI 图形界面，如下图。

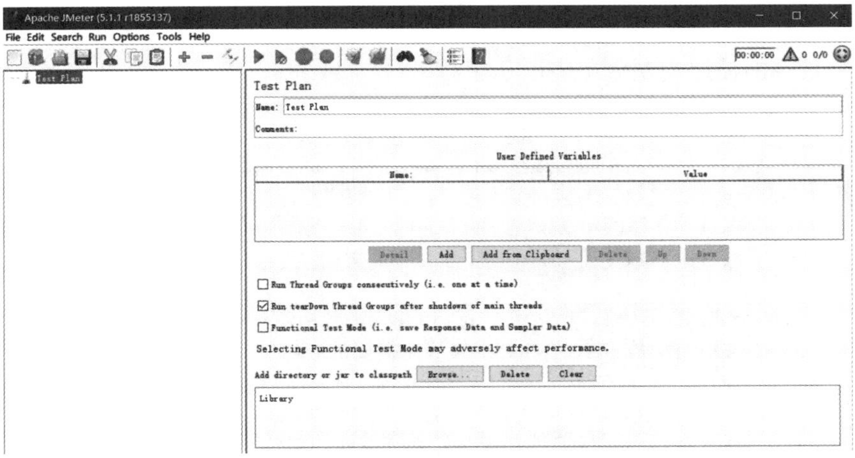

图2-1-9 JMeter-JMeter-1

也可以使用"java -jar ApacheJMeter.jar"命令启动 JMeter 的图形界面。

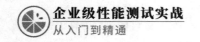

更多课后阅读：

扫一扫，直接在手机上打开

图2-1-10 JMeter-拓展阅读

## 2.1.2 JMeter目录结构详解

为了更好地学习和掌握 JMeter 这款工具，需要了解他的目录结构以及用处，JMeter 安装完成后打开安装目录，如下所示：

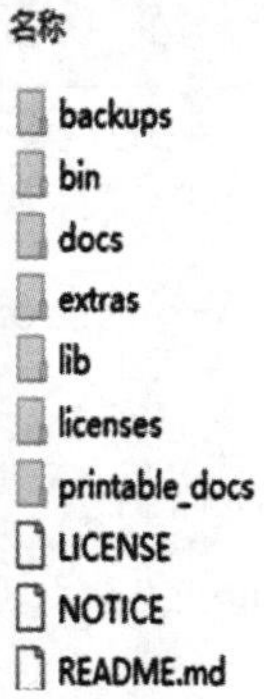

名称

- backups
- bin
- docs
- extras
- lib
- licenses
- printable_docs
- LICENSE
- NOTICE
- README.md

图2-1-11 JMeter目录结构

各个目录的使用说明如下表所示。

表2-1　目录说明

| 文件夹名称 | 说明 |
| --- | --- |
| bin | 该目录存放的是 JMeter 的主 jar、相关的启动脚本、配置文件和日志文件等 |
| docs | 该目录存放的是 JMeter 官方的 API 文档，主要是帮助工程师去了解和二次开发 JMeter |
| extras | 扩展目录，该目录下存放的是 JMeter 和其他应用集成所需要的一些文件和模板，常用的就是 JMeter 和 ant 集成所需要的内容 |
| lib | JMeter 工具源码 jar 文件，如若对 JMeter 进行二次开发，自己的代码打成 jar 包，也是放在该路径下；其下子文件夹 ext 存放 JMeter 第三方法 jar 包，JMeter 安装插件时的 jar 文件就存放在该路径下 |
| licenses | JMeter 开源 licenses 信息 |
| printable_docs | JMeter 离线帮助文档。用浏览器打开"index.html"文件，可以查看当前版本官方帮助信息，对于学习掌握 JMeter 非常有用 |

### 2.1.3 JMeter图形界面详解

1. **菜单栏**：JMeter 菜单栏中并没有包含 JMeter 所有功能，只显示一些常用功能。其他功能可以在左侧结构树的右键功能里面，菜单栏显示如下。

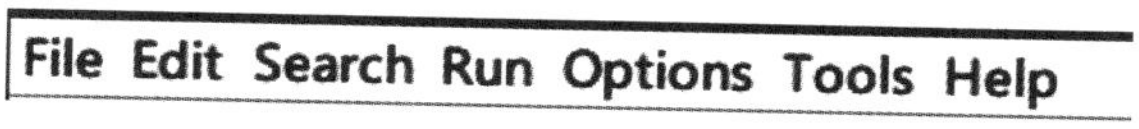

**File Edit Search Run Options Tools Help**

图2-1-12 JMeter-JMeter-2

**Run**：在使用 JMeter 进行分布式压测时，需要使用这个菜单下面的功能。

**Options**：重要的子菜单有 "Choose Language 选择语言" "Plugins Manager 插件管理"。Plugins Manager 是插件管理功能，需要引入插件管理包之后，子菜单才会显示。

**Tools**：重要的子菜单有 "Function Helper Dialog 函数助手对话框" "[res_key=html_report 生成 html 报告 ]"。其中 FunctionHelperDialog 函数助手对话框是 JMeter 提供的非常强大的函数功能，使用函数助手能够实现很多原本需要写代码才能实现的功能，这对于代码能力较弱的同学非常友好；res_key=html_report 生成 html 报告这个功能是在 JMeter5.1.1 版本新增的功能，可以使用图形界面生成 HTML 报告。

**Help**：获得 JMeter 的帮助，快捷键 "Ctrl+H" 也可以打开帮助文档。

2. **快捷工具栏**

图2-1-13 JMeter-JMeter-3

这些快捷图标都非常容易理解，把鼠标放到图标上，也会有功能提示：

• 最右侧 [00:00:00]，是代表当前测试运行时长；

• 黄色△图标，鼠标移动到上面点击，将打开 JMeter-logcat 显示运行日志；

• 黄色△图标后的数字，表明脚本在运行过程中出现 JMeter 工具错误时（如工具无法运行、脚本书写有错误、网络连接出错等情况时），会出现红色数字；

• 最后的 '0/0'，第 1 个数字，表示当前有多少活跃线程数，第 2 个数字，表示预计总运行的线程数。

### 3. 左侧结构树

**测试计划（TestPlan）**：脚本的根目录，右键测试计划，添加相应的元件即可编写脚本。

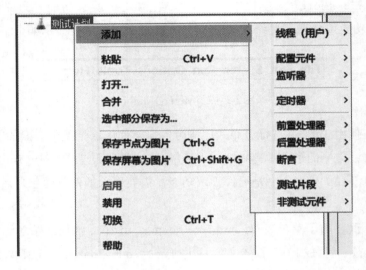

图2-1-14 JMeter-JMeter-4

**线程组（Threads）**：用于性能测试时，性能场景设计。默认有三个子线程组：

• setUpThreadGroup 线程组：前置线程组；

• ThreadGroup 线程组：普通线程组，性能测试场景设计最常用的线程组；

• tearDownThreadGroup 线程组：后置线程组。

**ConfigElement 配置元件**：协议或脚本运行前需要准备的内容元件。是 JMeter 中优先级最高的元件，在脚本运行时最先被执行，有如下几个重要的元件。

• CSV Data Set Config csv 数据文件设置元件：读取文件内的测试数据，用于性能测试。

• HTTP Header Manager HTTP 消息头管理器：用于编写、管理 HTTP 协议消息头。

• HTTP Cookie Manager HTTPcookie 管理器：管理 HTTP 协议的 cookie 信息。

• HTTP Request Defaults HTTP 请求默认值：配置 HTTP 协议请求的共用信息。

• JDBC Connection Configuration：管理数据库 jdbc 协议连接配置信息。

• TCP Sampler Config TCP 取样器配置：用于配置 tcp 协议共用信息。

• User Defined Variables 用户定义的变量：JMeter 中定义变量。

**Counter 计数器**：自定义计数器。

**Listener 监听器**：从不同角度，展示测试结果。重要的元件如下。

• View Results Tree 查看结果树：查看请求 - 响应信息。

• SummaryReport 汇总报告 \AggregateReport 聚合报告：从事务角度显示性能测试过程中的请求量、响应时间、吞吐量 \ 吞吐率等值，是入门级性能测试分析报告。

• BackendListener 后端监听器：性能测试时，把性能数据写入时序数据库，用于监控平台展示数据。

Timer 定时器：配置时间策略重要的元件如下。

• ConstantTimer 固定定时器：设定一个固定延迟时间，相当于给一个休息、思考时间。

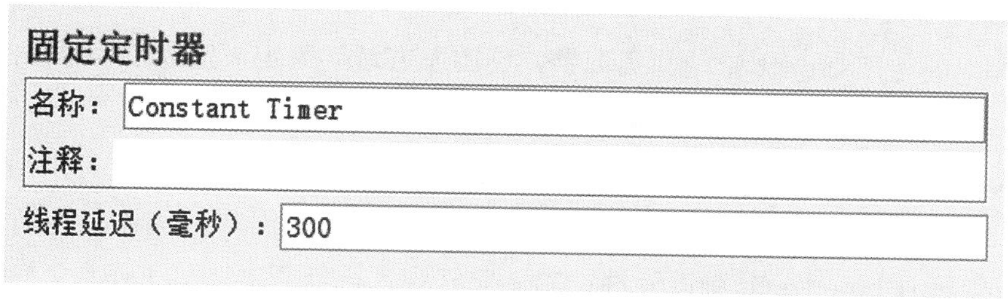

图2-1-15 JMeter-JMeter-5

• ConstantThroughputTimer 常数吞吐量定时器：设置每分钟固定吞吐量策略。

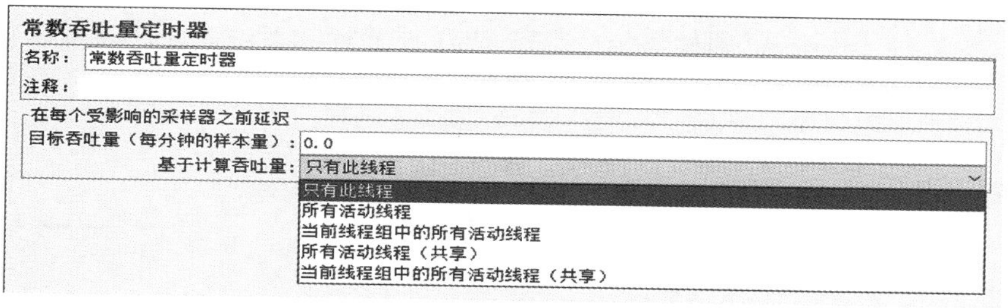

图2-1-16 JMeter-JMeter-6

• SynchronizingTimer 同步定时器：配置策略，实现集合点效果。

图2-1-17 JMeter-JMeter-7

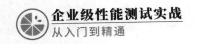

**PreProcessors 前置处理器**：在取样器执行之前被执行，为取样器做准备。重要的元件如下。

•User Parameters 用户参数：定义当前线程组中的参数。

**PostProcessors 后置处理器**：对取样器 response 响应信息进行处理，重要的元件如下。

•JSON ExtractorJSON 提取器：从响应的 json 信息中提取数据，当前响应体 response-body 为 json 时，提取信息优先选择 json 提取器。

•Regular Expression Extractor 正则表达式提取器：用正则表达式对请求和响应信息进行提取。

•Boundary Extractor 边界提取器：使用左右边界限定，提取中间想要的信息，如果不会用正则提取器时，可以使用这个。

•Assertions 断言：对请求结果进行判断，判断响应信息是否与预期一致。

•TestFragment 测试片段：用于管理测试用例。

**Non-TestElements 非测试元件**：功能非常强大，低版本在"工作台"中，重要的元件如下。

•HTTP(S) Test Script Recorder HTTP 代理服务器：配置 http 代理服务器用于录制脚本。

•Property Display 属性显示：显示 JMeter 属性和系统属性，以及动态属性。

•右侧编辑区：每个元件编辑区内容不相同，具体根据元件来。

## ◎ 2.2 JMeter 编写和录制脚本

### 2.2.1 编写HTTP协议脚本

编写 HTTP 协议脚本步骤如下。

1. 在测试计划上右键→添加→线程 Threads，选择"线程组 ThreadGroup"。

2. 添加'配置元件→ HTTP 消息头管理器'，在 HTTP 信息头管理器中添加'名称：Content-Type''值：application/json'，如下图。

 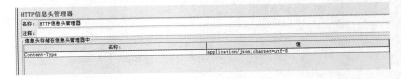

图2-2-1 编写第一个HTTP协议脚本-http-1

3. 在线程组 ThreadGroup 元件上右键→添加→取样器，选择"HTTP 取样器"；并根据接口文档来进行 HTTP 取样器请求参数的填充，接口文档如下图所示。

1.2. **接口名称:** 注册

➤ **调用地址:** /app/mobile/api/user/register
➤ **HTTP 方法:** POST
➤ **请求格式:** json
➤ **功能详述:** 注册用户信息
➤ **调用参数说明**

| 名称 | 类型 | 是否必须 | 描述 |
|---|---|---|---|
| mobile | String | 是 | 用户手机号码 |
| password | String | 是 | 密码，明文(以后再改密文吧，GQ 接口那边) |
| platform | String | 是 | 登陆平台(1:ios,2:android,3:windows) |
| username | String | 否 | 用户名 |
| sex | Int | 否 | 用户性别 |
| age | Int | 否 | 用户年龄 |
| email | String | 否 | 用户邮箱 |
| code | String | 是 | 验证码 |

图2-2-2 编写第一个HTTP协议脚本-http-2

根据接口文档，填写"HTTP 取样器"中的信息：

• 协议：http；

• 服务器名称或 IP：项目的机器 ip ；

• 端口：项目服务的端口；

• 方法：选择值为接口文档中 'HTTP 方法：POTS'；

• 路径：填写接口文档中"调用地址：/app/mobile/api/user/register"；

• 内容编码：可以不填或填 'utf8'；

• 请求体：接口文档中"请求格式"为 json，所以接口请求参数要用 json 的格式写在"消息体数据"中；Json 格式是用大括号 {} 包裹的 key:value 键值对，多个键值对之间用逗号隔开 key 用双引号包裹，value 值根据数据类型来决定是否用引号包裹，如字符串则要双引号，如数值类型型就不要引号。参考 json 如 下：{"mobile":"13100000000","password":"123456","platform":"windows"，"username":"小柠檬"，"sex":1，"age":28,"email":"email@nmb.com"，"code":"2452"}。

HTTP 接口请求填写完毕如下所示。

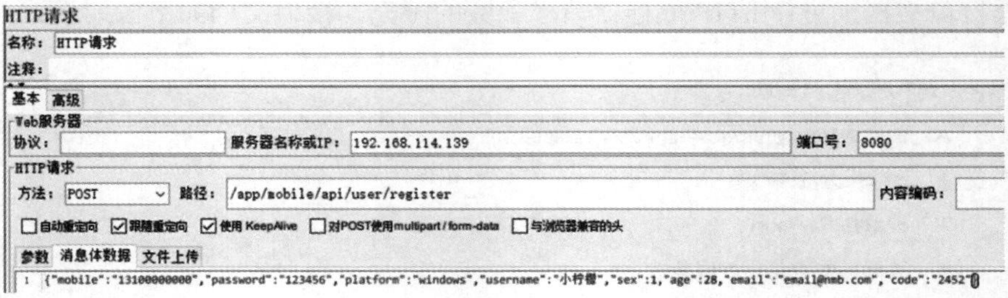

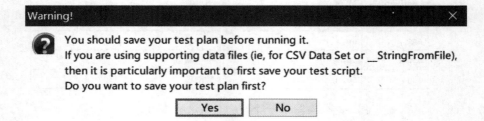

图2-2-3 编写第一个HTTP协议脚本-http-3

4. 在线程组 ThreadGroup 元件上右键→添加→监听器，选择"查看结果树"。

5. 点击工具栏中的运行图标，选择弹窗中的"Yes"按钮则保存当前写好的脚本并直接运行脚本。

图2-2-4 编写第一个HTTP协议脚本-http-4

6. 点击查看结果树可以看到请求结果，结果为绿色图标则说明脚本运行没有错误，如下图。

图2-2-5 编写第一个HTTP协议脚本-http-5

## 2.2.2 编写脚本注意事项

HTTP 取样编写脚本时总会因为一些粗心或工具使用不当而导致脚本报错，这里将最容易忽略且经常出错的操作整理如下。

1.HTTP 取样器中"协议"当接口协议为 http 时可以为空，如果是 https 那必须要写。

2."服务名称或 IP"填写域名或 ip 地址不能有"/"。平时拷贝地址容易带"http://"前缀或"/"结尾会导致请求报错。

3."方法"下拉框不能手写，要与接口文档中的请求方法一致，否则接口请求报错或被重定向。

4."路径"填写接口地址用"/"开头，注意前后不要有空格。若查看结果树 request-body 中有"%20"字样，就是空格经过 urlencode 编码后的字符。

5."内容编码"控制请求的字符集编码，建议填写 utf8，防止中文乱码。

6. 若请求出现中文乱码解决办法可以参考如下几种解决方案：

方法一：在"内容编码"中填写"utf8"；

方法二：在消息头管理器，Content-Type 的值中添加"；charset=utf-8"；

方法三：若请求体为'参数'，值为非字母和数字时，务必勾选'编码'复选框，如下图。

图2-2-6 编写第一个HTTP协议脚本-请求参数

7. 若响应体出现中文乱码可以参考如下解决办法：首先找到响应体的字符集编码；然后打开 jmeter.properties 文件修改"sampleresult.default.encoding"的值为你找到的响应体的字符集编码，然后重启 JMeter。

8."自动重定向"与"跟随重定向"很容易混淆，自动重定向只针对 GET、HEAD 请求，直接跳转到最终页面，在查看结果树中无法看到中间重定向过程，无法对中间过程数据进行提取；跟随重定向一般默认选中，当响应代码为 3xx 系列时就会自动跳转，在查看结果树中可以看到中间重定向过程，可以对中间过程数据进行提取。

9. 默认勾选"使用 keepAlive"，现在用的 http 协议版本都是 1.1 版本，默认保持长连接。

10. "对 POST 使用 multipart/form-data"，有的 post 方法请求体要转为 form-data 格式，就需要勾选这个。

11. 请求体参数填写要特别注意，当请求体是"application/x-www-form-

urlencoded"或没有说明类型时，请求参数填写选择"参数"这一标签页；当请求体是"application/json"或 xml 格式时，请求参数写填写选择"消息体数据"，且当请求体为 json 时，一定要在消息头管理器中添加"Content-Type:application/json"。

### 2.2.3 JMeter录制脚本

JMeter 可以通过录制方式生成脚本，通过 badboy 工具或 JMeter 代理就可以完成脚本的录制，具体操作步骤如下。

1. badboy 录制。badboy 只有 windows 版本，下载安装包 exe 文件可以直接安装。启动后在地址栏中输入目标网站地址，按下回车键即开始访问网站并同步开始录制操作脚本，录制完成后在菜单栏 File→Export to JMeter…即可导出成为 jmx 文件，用 JMeter 可以直接打开。

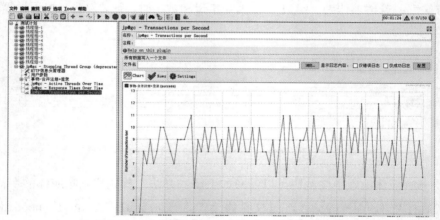

图2-2-7 编写第一个HTTP协议脚本-badboy

> 提示：因 badboy 已经不维护了，使用出错也无法得到解决；另随着前端技术不断发展，badboy 对现在前端技术下的页面兼容性不好，经常会出现无法录制到脚本的情况，所以不推荐使用。

2. http 代理录制。JMeter 可以通过设置代理服务器，然后通过抓包的方式录制访问过程。首先在测试计划下添加一个线程组；然后在测试计划下添加"非测试元件 ＞ http 代理服务器"，如下图。

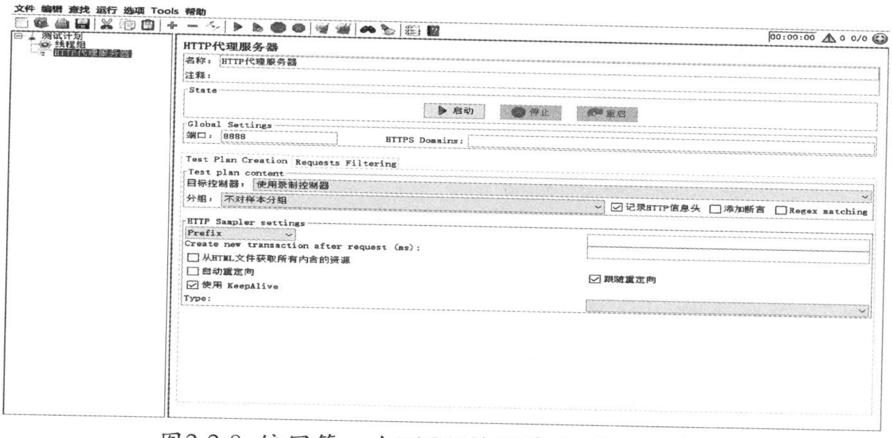

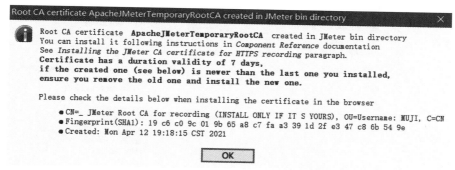

图2-2-8 编写第一个HTTP协议脚本-代理服务器

把 HTTP 代理服务器的端口设置为 8888 或其他未被占用端口，再修改目标控制器为新创建的线程组，点击【启动】后会弹出一个 CA 证书弹窗，直接点击 OK 后即可开始脚本录制。

图2-2-9 编写第一个HTTP协议脚本-CA证书

注意若不修改"目标控制器"的值，启动时将会报错，如下图。

异常 ×

Target Controller is configured to "Use Recording Controller" but no such controller exists,
ensure you add a Recording Controller as child of Thread Group node to start recording correctly

OK

图2-2-10 编写第一个HTTP协议脚本-目标控制器错误

录制完成后点击 http 代理服务器元件的【停止】按钮，就可以停止代理服务器。

> 注：
> （1）在设置 JMeter 的代理服务器之前，一定要提前去配置浏览器或系统的代理，这样 JMeter 才能录制到目标网站的脚本。
> （2）案例讲述的是录制 http 协议的脚本，如果要录制 https 协议数据则需要导入证书。

## ◎ 2.3 JMeter 脚本增强

### 2.3.1 脚本参数化

性能测试中需要把一些接口参数值设置为动态变化的值，需要用到 JMeter 参数化元件，如配置元件中的"用户定义变量"或前置处理器中的"用户参数"来实现参数化，如下图。

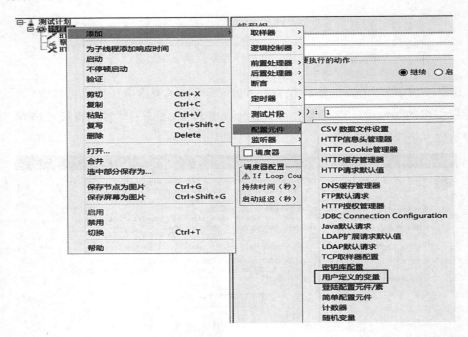

图2-3-1 脚本增强-JMeter-1

添加"用户定义的变量"元件，填入相关参数值后点击添加按钮完成添加，如下所示。

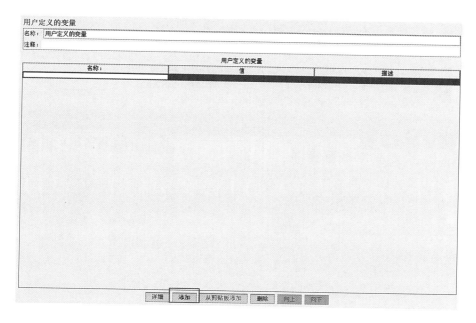

图2-3-2 脚本增强-JMeter-2

或使用"用户参数"元件。

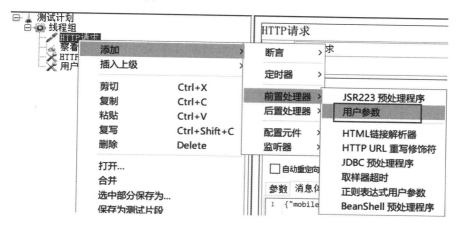

图2-3-3 脚本增强-JMeter-3

点击【添加变量】可以完成数据的添加，如下所示。

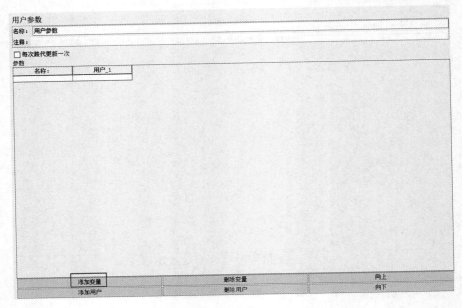

图2-3-4 脚本增强-JMeter-4

在名称列中，按 java 语言变量命名规则（可以是字母、数字、下划线，不能使用数字开头）定义变量名，在"值\用户_1"文本框里面填写变量的值，这样变量就定义好了。

定义好变量后使用 ${变量名称} 在 JMeter 中进行变量的引用，比如想要把之前写好的注册接口中的手机号码用变量来替换，可以把原来手机号码的参数位置改成 ${var_mobile}，操作步骤如下所示。

图2-3-5 脚本增强-JMeter-5

图2-3-6 脚本增强-JMeter-6

注意：脚本中变量引用外面有双引号。

点击 JMeter 的运行按钮，可以看到请求 request-body 的手机号码是用我们定义的变量。

图2-3-7 脚本增强-JMeter-7

但这个参数变量的方式无法自动生成不同的值，将在 2.3.2 节学习用函数把变量的值设置为动态生成的值。

## 2.3.2 JMeter函数

JMeter 是用 java 写的开源的工具，JMeter 函数就是 java 代码封装后的方法，利用这些函数可以让 JMeter 实现一些个性化的功能 -- 增强脚本，如脚本参数加密。

JMeter 函数分两类：自带函数和扩展函数。自带函数是 JMeter 工具包中已经包括的函数，官方提供的可以直接拿来用；扩展函数是第三方开发的或自己对 JMeter 二次开发写的个性化函数。

点击 JMeter 菜单栏中的"Tools"，然后选择函数助手对话框，将弹出函数助手对话框，在这个对话框中就可以看到 JMeter 可用的所有函数（包括扩展函数），如下图。

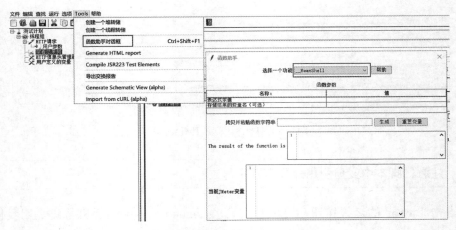

图2-3-8 脚本增强-JMeter-8

---

**特别提醒:**

(1) JMeter 函数以双下划线开头,严格区分大小写。函数有参数时函数名后面用小括号包裹参数,多个参数之间用逗号分隔,没有参数时可以没有小括号。

(2) 不知道函数的使用方法时,可以先选择这个函数,然后点击【帮助】按钮,将打开官方的函数帮助页面。

---

利用函数对 JMeter 脚本进行参数化,主要用到如下几个函数。

• __Beanshell 函数:这个函数是用来执行 Beanshell 语言的函数,可以在这个函数中写 Beanshell 代码。但是在 JMeter 中 Beanshell 语言的代码性能不是最优的,在功能测试时为了实现一些功能,可以使用 Beanshell 这一元件来执行 beanshell 代码来实现,但是性能测试中不推荐。性能测试中 JMeter 要用代码实现的功能,可以用官方推荐的 groovy 语言。

• __counter 计数器函数:这个函数只能实现简单的累加 1 功能。在性能测试中当这个函数不能满足要求时,会使用配置元件中的"计数器"元件来实现计算功能。

• __digest 加密函数:可以实现一些简单的加密算法,比较复杂的加密还是需要写代码。

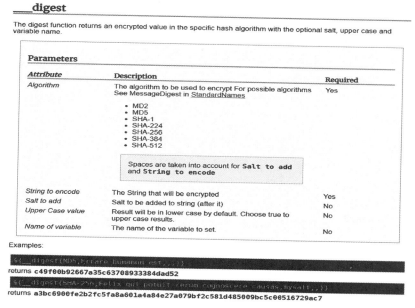

图2-3-9 脚本增强-JMeter-9

• __groovy 和 __jelx3 函数：这两个函数可以执行 grooy 语言和 js 语言的函数。考虑到性能问题，官方推荐用这两个函数替代 __Beanshell 函数。

• __property 和 __P 函数，两个都是获取属性函数，P 是 property 的缩写。

• __setProperty 设置属性函数。用于在 JMeter 运行过程中，设置动态属性。

• __Random: 随机函数 Random 可以生成随机的数字，譬如电话号码的生成就可以用这个函数，函数界面如下所示。

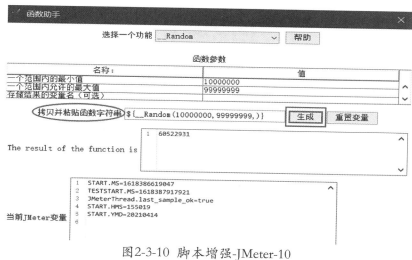

图2-3-10 脚本增强-JMeter-10

Random 函数参数内三个名称的含义分别为最小值，最大值和生成的值的参数名称，填上后点击生成按钮即生成 ${__Random(1000000,999999)}，将其拷贝即可直接使用，若想生成其他范围的值则修改最大最小值即可，下图的请求体参数用了 Random 函数生成的手机号码。

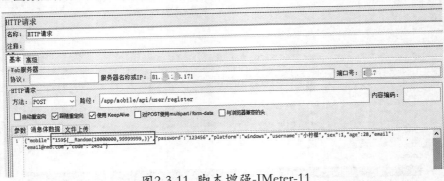

图2-3-11 脚本增强-JMeter-11

- __RandomString 随机字符串函数：每运行一次，使用设定的字符，生成一个字符串。
- __time 获取当前时间戳函数：这个函数，只能获取或格式化当前时间的时间戳。
- __timeShift 时间偏移函数：对时间进行加减运算，做时间偏移。
- __dateTimeConvert 时间格式转换函数。
- __RandomDate 随机日期函数：这4时间个函数如何使用，他们之间有什么关联与区别，课后可以阅读：

扫一扫，直接在手机上打开

图2-3-12 脚本增强-拓展阅读

- ${__V(,)} 拼接函数：当变量前缀相同而后缀是不同的数字时，就需要采用 V 函数来获取连续变量的值。如定义了连续的三个变量且在脚本中想使用这连续三个变量的值，如下图。

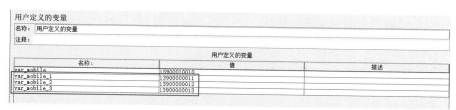

图2-3-13 脚本增强-JMeter-13

如果使用 ${var_mobile_${__counter(,)}} 运行时获取不到值，可能是因为 JMeter 变量引用不支持这种用法，这时我们需要用 V 函数把 var_mobile_${__counter(,)} 放到 V 函数中：${__V(var_mobile_${__counter(,)},)} 中，通过函数运算获得变化变量名的值，如下图。

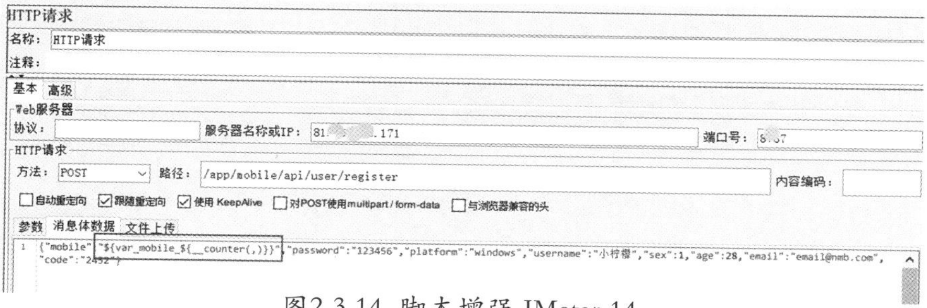

图2-3-14 脚本增强-JMeter-14

可以看到下图中的 mobile 通过 V 函数获取到了对应的参数值。

![察看结果树界面]

图2-3-15 脚本增强-JMeter-15

### 2.3.3 后置处理器

在实际脚本运行中，经常会遇到一个接口返回的动态的值作为后续接口的请求参数值的情况，这种情况就需要在脚本中使用关联，下面将带大家学习关联常用的元件。

### 1. JSON 提取器（JSON Extractor）

当接口的响应信息为 Json 时，首选推荐用 Json 提取器。选中取样器，右键添加 > 后置处理器 > 选择 Json 提取器（JSON Extractor），如下图。

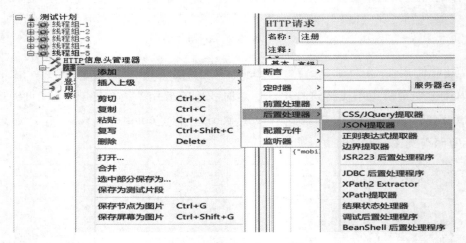

图2-3-16 脚本增强-JMeter-16

| 同步定时器 | |
|---|---|
| 名称： | 同步定时器 |
| 注释： | |
| 分组 | |
| 模拟用户组的数量： | 0 |
| 超时时间以毫秒为单位： | 0 |

图2-3-17 脚本增强-JMeter-17

Json 的提取式绝对路径写法是：用 "$." 开头且后面加上路径名称，路径之间用点连接。例：想要提取注册接口响应信息中的 mobile 手机号码，用于登录接口。

首先在'查看结果树'中把格式切换为 JSON Path Tester，进行格式化展示。

图2-3-18 脚本增强-JMeter-18

　　然后在 JSON Path Expression 中写上 Json 提取式 "$.date.mobile"。一级节点是 data，二级节点是 mobile，节点与节点之间用点号连接。然后再点击【Test】按钮，会看到下面有一个 Result[0]，就是提取出来的手机号码。

图2-3-19　脚本增强-JMeter-19

　　最后把这个 Json 提取式复制到后置处理器 'Json 提取器' 的 JSON Path Expression 文本框，并把提取器取到的值存到 jmobile 这个自定义变量名称中，如下图。

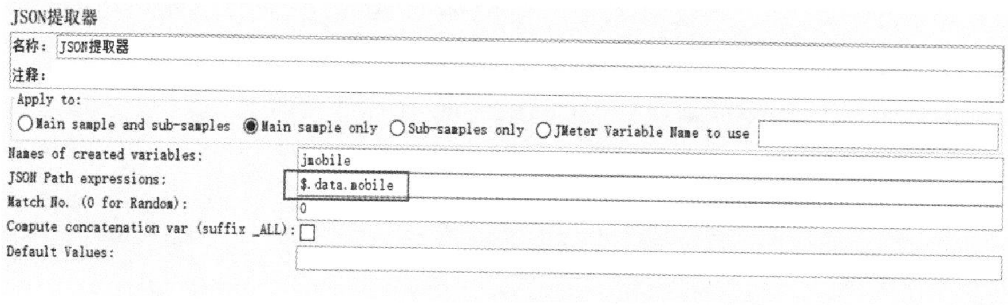

图2-3-20　脚本增强-JMeter-20

　　这样 JMeter 在执行脚本时会执行 Json 提取器，Json 提取器的结果就会被存储上面自定义的变量名 jmobile 接收，后续的登录接口就可以直接通过 ${jmobile} 引用这个变量。

　　若想用 json 提取器来提取多个不同的节点的值，可以添加多个 Json 提取器并写上对应的 Json 提取式；也可以用一个 Json 提取器写多个 Json 提取式，在多个 Json 提取式之间用分号进行分隔，再定义多个变量名称来接收且变量名称之间也用分号分隔，不过这个方法要填写对应数量的 '默认值'，默认值之间也用分号分隔，如果没有默认值，那 json 提取器运行就会报错，如下图。

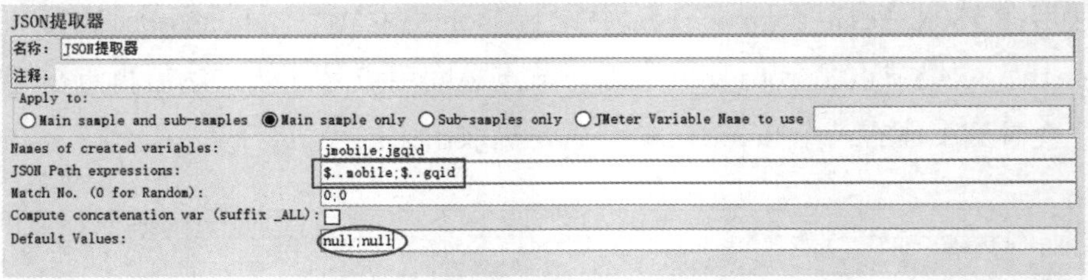

图2-3-21 脚本增强-JMeter-21

更多课后阅读：

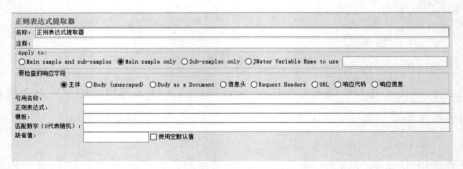

扫一扫，直接在手机上打开

图2-3-22 脚本增强-拓展阅读

### 2. 正则提取器（Regular Expression Extractor）

Json 提取器只能对响应体 response-body 进行提取，而正则提取器（Regular Expression Extractor）不仅可以提取响应体 response-body，还可以提取响应头以及提取请求头 request-headers 和请求体 request-body 中的信息。

选中取样器添加后置处理器 > 正则提取器（Regular Expression Extractor），如下图。

图2-3-23 脚本增强-JMeter-23

正则表达式的写法：左边界（正则式）右边界，左右边界中间用小括号括起正则式。下面用正则式提取注册接口的手机号码来演示用法，如下图。

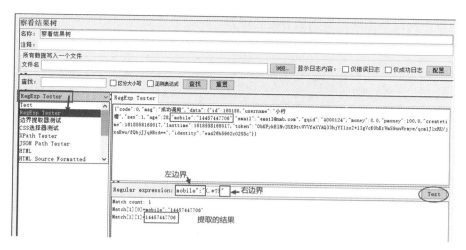

图2-3-24 脚本增强-JMeter-24

小括号中的".＊？"是万能正则式，几乎可以匹配所有信息，"."表示匹配除换行符以外的所有字符，"＊"表示匹配 0 次或多次，"？"表示匹配 0 次或一次。除了上面讲到的几个正则式，我们还有一些常用的正则式："＋"表示匹配一次或多次，"\d"表示匹配数字，"\w"表示匹配英文字母或数字下划线，中文也可以匹配。

表2-3-1  JMeter更多正则式

| 表达式 | 描述 |
|---|---|
| {m} | 匹配刚好是 m 个的指定字符串。 |
| {m, n} | 匹配在 m 个以上 n 个以下的指定字符串。 |
| {m, } | 匹配 m 个以上的指定字符串。 |
| [ ] | 匹配符合中括号内的字符串。 |
| [^] | 匹配不符合中括号内的字符串。 |
| [0-9] | 匹配所有数字字符。 |
| [a-z] | 匹配所有小写字母字符。 |
| [^0-9] | 匹配所有非数字字符。 |
| [^a-z] | 匹配所有非小写字母字符。 |
| ^ | 匹配字符开头的字符。 |
| $ | 匹配字符结尾的字符。 |
| \d | 匹配一个数字的字符和 [0-9] 的语法一样。 |
| \d+ | 匹配多个数字字符串和 [0-9]+ 语法一样。 |
| \D | 非数字，其他与 \d 相同。 |
| \D+ | 非数字，其他与 \d+ 相同。 |
| \w | 英文字母或数字的字符串。和 [a-zA-Z0-9_] 语法一样。 |
| \w+ | 和 [a-zA-Z0-9_]+ 语法一样 |
| \W | 非英文字母或数字的字符串，和 [^a-zA-Z0-9_] 语法一样 |
| \W+ | 和 [^a-zA-Z0-9_]+ 用法一样 |
| \s | 空格，和 [\n\t\r\f] 语法一样 |
| \s+ | 和 [\n\t\r\f]+ 一样 |
| \S | 非空格，和 [^\n\t\r\f] 语法一样 |
| \S+ | 和 [^\n\t\r\f]+ 一样 |
| \b | 匹配以英文字母，数字为边界的字符串 |
| \B | 匹配不以英文字母，数值为边界的字符串 |

接下来把这个正则式复制到后置处理器"正则表达式提取器"的正则表达式中，再在"引用名称"中自己定义一个名称，在"模板"中写上 $1$，中间的数字代表取第几个正则式匹配的结果，如下图。

图2-3-25 脚本增强-JMeter-25

如果想要提取请求头或者是请求 URL 地址中的信息，可以修改"要检查的响应字段 Field to check"的单选值，如下图。

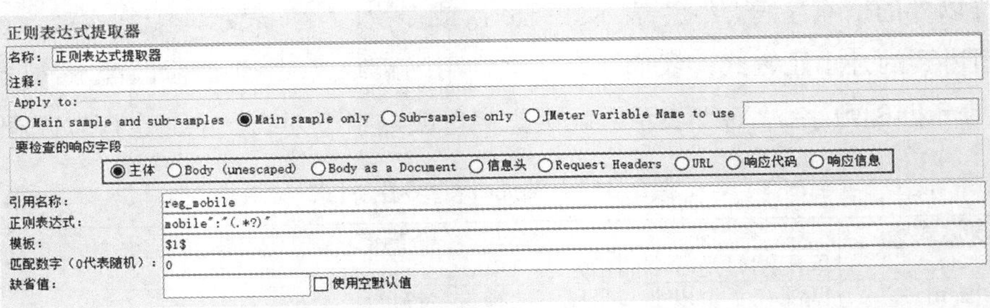

图2-3-26 脚本增强-JMeter-26

更多课后阅读：

扫一扫，直接在手机上打开

图2-3-27 脚本增强-拓展阅读

### 2.3.4 JMeter关联

在企业项目中经常会出现一个接口的参数值是前面接口的返回值的情况，如要下单接口，一般都需要登录成功后的唯一身份信息，这时两个接口之间是有关联的，需要把前面的返回值提取出来作为参数被后面的接口引用，在 JMeter 中这种接口关联，实现起来很简单。

首先，在前面的接口取样器下面添加"后置处理器"，如果前面接口返回值是 json 格式可以优先选择用"json 提取器"，如果不是 json 或要提取的值不在响应体中，可以使用"正则提取器"，提取出想要的值并提前命名一个参数名称来接收（参考上一节的后置处理器）。

然后，在需要的接口中引用变量名，代入到需要的地方。就实现了两个接口之间的关联。

例如：在注册时，使用用户参数定义手机号，手机号用随机函数生成。如下图。

图2-3-28 用户参数定义变量-28

然后，在注册的取样器下添加一个 json 提取器，提取出手机号码。如下图。

图2-3-29 json后置提取器提取-29

因为手机号码是随机生成的，每运行一次脚本手机号码就会变，所以后面再写登录接口时，不能直接引用用户参数的手机号变量名，需要引用 json 提取器的参数名。如下图。

图2-3-30 注册接口关联参数-30

这样注册和登录就会使用相同的手机号，从而实现了两个接口之间的关联。

### 2.3.5 逻辑控制器

#### 1. 事务控制器 TransactionController

在 JMeter 中默认情况下，一个取样器请求一次就是一个事务，而服务器每秒处理的事务数叫 TPS。JMeter 中一个取样器只能写一个接口，但在企业中一个业务往往是由多个接口一起来实现的，想要模拟一个真实业务就需要把多个接口合并成一个事务。JMeter 中事务控制器，就可以把多个取样器合并成为一个事务。

右键线程组，添加 > 逻辑控制器 > 事务控制器，在下面挂载多个取样器，如下图。

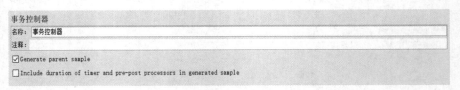

图2-3-31 脚本增强-JMeter-31

勾选"Generate parent sample"，和不勾选，分别运行脚本，查看结果树。

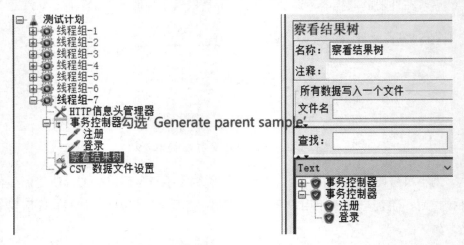

图2-3-32 脚本增强-JMeter-32

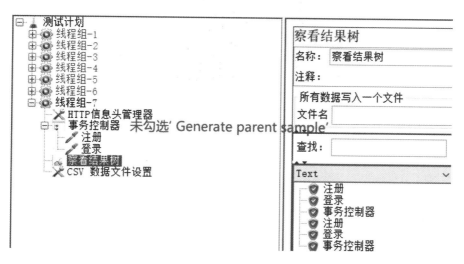

图2-3-33 脚本增强-JMeter-33

如果有添加聚合报告，从聚合报告中你将看到，勾选"Generate parent sample"，只有一行数据；而未勾选"Generate parent sample"时，会出现多行数据。

### 2. 条件控制器 If Controller

右键线程组，添加→逻辑控制器→条件控制器，如下图。

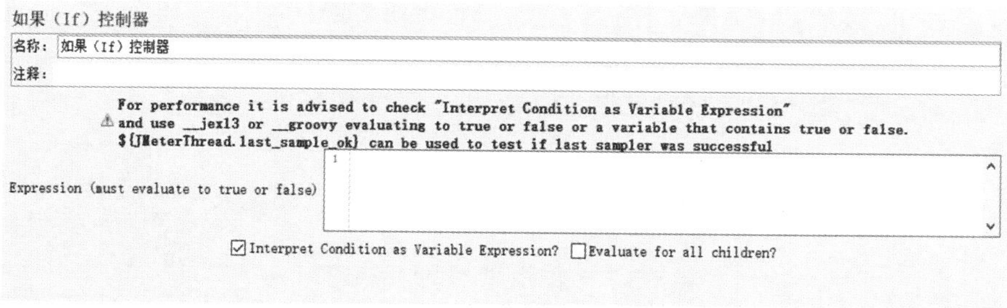

图2-3-34 脚本增强-JMeter-34

默认是勾选"Interpret Condition as variable Expression？"此时 Expression 的结果为 true 时才会执行其下的取样器，为 false 时则不执行其下的取样器。如何才能使 Expression 结果为 true 或 false 呢？可以使用 __jexl3 或 __groovy 函数。

如希望注册结果成功，才可进行登录。在注册接口上，添加后置处理器 json 提取器，提取出 msg 信息，然后对 msg 信息进行判断，如果 msg 信息为"成功调用"4个字就认为注册成功，才可进行登录，如下图。

图2-3-35 脚本增强-JMeter-35

运行脚本，注册成功，再调用登录接口，如下图。

图2-3-36 脚本增强-JMeter-36

如果不勾选"Interpret Condition as variable Expression？"，则Expression条件表达式为true时执行子取样器，false则不执行，如下图。

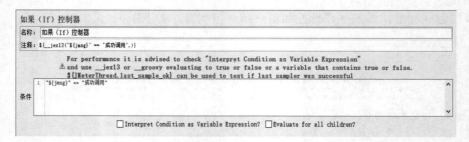

图2-3-37 脚本增强-JMeter-37

若勾选"Evaluate for all children？"则表示有多个子取样器时，每个取样器执行之前，都会进行一次条件判断；若不勾选会在第一次进行条件判断之后，不管有多少个子取样器，都不会再进行条件判断。

### 3. 循环控制器 LoopController

右键线程组，添加→逻辑控制器→循环控制器，如下图。

图2-3-38 脚本增强-JMeter-38

修改"循环次数"，那么其下的子取样器就会按照循环次数运行。

### 4. Foreach 控制器 ForEachController

右键线程组，添加→逻辑控制器→Foreach 控制器，如下图。

图2-3-39 脚本增强-JMeter-39

在 JMeter 的变量中经常会看到一些变量名称，前缀都是相同的，但后缀是下划线 + 连续的数字，比方说用后置处理器提取出的多个值或使用 jdbc 协议从数据库中获取相应的数据。

对于这样的前缀相同后缀是连续数字的变量，如果想单独使用，可以使用前面学习的 V 函数。如果要连续使用多个变量，那就可以采用 ForEach 控制器，如下图。

图2-3-40 脚本增强-JMeter-40

上图的设置，我们可以使用 ${vm} 进行变量引用，它就会运行三次，分别取 ${var_mobile_1}、${var_mobile_2}、${var_mobile_3}。

### 5. 仅一次控制器 OnceOnlyController

右键线程组，添加→逻辑控制器→仅一次控制器，如下图。

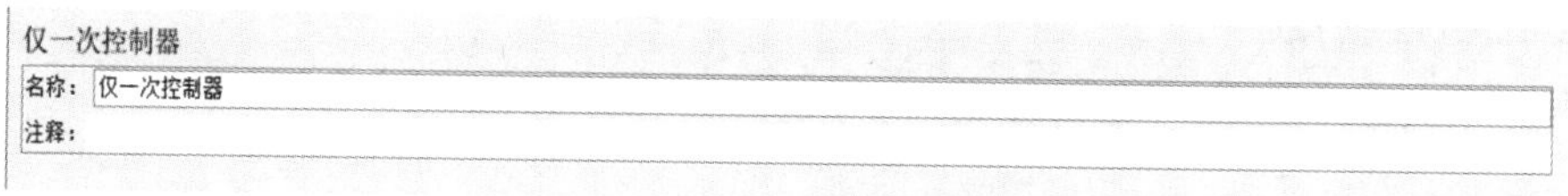

图2-3-41 脚本增强-JMeter-41

这个控制器使用很简单，但是要特别注意它的作用是：多线程运行时，其下的取样器，每个线程只运行一次，不管运行多长时间、循环多少次，每个线程都只会运行一次。

### 6. 临界控制器 CriticalSectionController

右键线程组，添加→逻辑控制器→临界部分控制器，如下图。

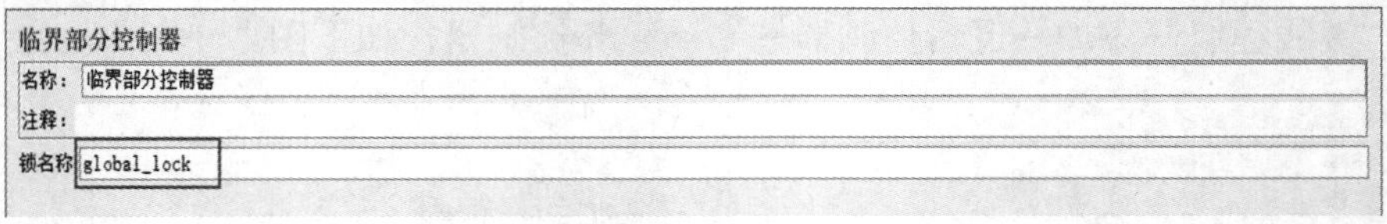

临界部分控制器
名称： 临界部分控制器
注释：
锁名称 global_lock

图2-3-42 脚本增强-JMeter-42

这个控制器主要是控制其下的取样器执行顺序。
更多高阶用法请扫码获取。

扫一扫，直接在手机上打开

图2-3-43 脚本增强-拓展阅读

### 7. 吞吐量控制器

右键线程组，添加→逻辑控制器→吞吐量控制器，如下图。

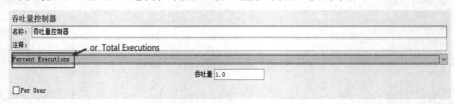

图2-3-44 脚本增强-JMeter-44

该控制器控制其下取样器的吞吐量，可以选择百分比方式，也可以选择总吞吐量。

### 8. 随机控制器

右键线程组，添加→逻辑控制器→随机控制器，如下图。

随机控制器
名称： 随机控制器
注释：
□忽略资控制器块

图2-3-45 脚本增强-JMeter-45

该控制器控制，在脚本执行时，随机取其下任意一个取样器执行。

### 9. 随机顺序控制器

右键线程组，添加→逻辑控制器→随机顺序控制器，如下图。

图2-3-46 脚本增强-JMeter-46

该控制器在执行时，将随机打乱其下取样器执行顺序。

## ◎ 2.4 DDT 数据驱动性能测试（一）

在性能测试时，需要模拟多用户进行并发操作，所以前期准备阶段要准备大量的测试数据。在 JMeter 中准备测试数据常用的方法有"csv 数据文件设置"，JMeter 的 csv 数据文件设置功能，可以支持文本文件、csv 文件等一切文本格式文件，具体操作如下。

1. 右键线程组，添加→配置元件→ csv 数据文件设置（CSV Data Set Config），如下图。

图2-4-1 DDT数据驱动性能测试(一)-JMeter-1

图2-4-2 DDT数据驱动性能测试(一)-JMeter-2

2. 准备一个文本文件或 csv 文件，里面填写多个手机号码，号码之间用换行的方式来分开，保存好文件。

3. 然后在"csv 数据文件设置"元件中"文件名"后面点击【浏览…】选择这个文本文件或 csv 文件。

4. 点击"文件编码"下拉框，选择 UTF-8；在变量名称文本框中填写自定义变量名称（多个变量名称之间用英文逗号分隔）；其他选项暂时不动，如下图。

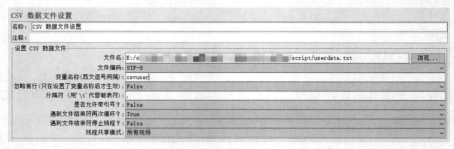

图2-4-3 DDT数据驱动性能测试(一)-JMeter-3

5. 在接口脚本中进行变量引用，如下图。

图2-4-4 DDT数据驱动性能测试(一)-JMeter-4

6. 运行脚本，在'查看结果树'中，可以看到请求体中有引用了 csv 文件中的手机号。

图2-4-5 DDT数据驱动性能测试(一)-JMeter-5

以上步骤就完成了利用"csv 数据文件设置"元件来做测试数据的工作。在对 CSV 数据文件设置的工作界面某些选项进行详细说明。

• "csv 数据文件设置"中"忽略首行 Ignore first line (only used if Variable Names is not empty)",有两个值可选,False 或 True,默认 False。False 意思是说,不忽略首行,运行的时候就会去取首行的值。而 True,就是忽略首行,运行时不取首行的值。

• "分隔符 Delimiter use"\t' for tab)'默认用英文的逗号,因为 csv 文件默认就是用英文逗号进行列的分割。当我们使用文本文件时,我们可以使用"\t"来代表制表符,也可以自定义用其他分隔符号。

• "是否允许带引号? Allow quoted data?"有两个值可选 False 或 True,默认 False。False 意思是说,值不能带有引号,如果带有引号,那么就会把引号作为值的一部分被引用。True 意思是说,值可以带有英文双引号,如果带有英文双引号,在使用时,会自动去掉双引号。

• "遇到文件结束符再次循环? Recycle on EOF?"有两个值可选,False 或 True,默认 True。True 意思是,在使用文件的最后一行数据之后,如果继续使用,则会从第 1 行数据开始继续取值。False 意思是,在使用文件的最后一行数据之后,如果继续使用,将取不到值,使用,作为变量值。

• "遇到文件结束后停止线程? Stop thread on EOF?"有两个值可选,False 或 True,默认 False。False 意思是,在使用文件的最后一行数据之后,如果要继续使用,还可以继续运行;True 意思是,在使用文件的最后一行数据之后,如果要继续使用,将停止线程,不能继续运行。

• "线程共享模式 Sharing mode"有三个选择值"所有线程"、"当前线程组"、"当前线程",默认"所有线程"。"所有线程"意思是所有线程按顺序取文件行;"当前线程组"意思是当前线程组中的线程按顺序取文件行;"当前线程"意思是每个线程都从文件的第 1 行开始取值。

• 文件名称可以使用绝对路径会或相对路径,绝对路径直接复制文件的地址粘贴即可,相对路径用"./"或".\"作为相对地址开头,而相对的起始点,是你当前脚本的保存路径或 JMeter 的 bin 文件夹。当 JMeter 脚步与文本文件(或 csv 文件),在同一个路径时,可以使用"./ 文件名称",如下图。

图2-4-6 DDT数据驱动性能测试(一)-JMeter-6

• "csv 数据文件设置" 支持 txt 文件和 csv 文件, 但推荐使用 txt 文件, 原因如下。

(1) txt 文件在保存时的默认文件编码是 utf-8, 在 JMeter 中使用时设置'文件编码'为 utf-8 就不用担心中文出现乱码, 而 csv 文件默认保存编码格式不是 utf-8, 在 JMeter 中使用时可能会出现中文乱码。

(2) 同等数据量的 csv 文件和 txt 文件, 读取 txt 文件所消耗的电脑资源要更少。

## ◎ 2.5 JMeter 元件作用域与优先级

在 JMeter 中不同类型的元件是有不同作用域和优先级的, 即元件的作用效果和执行顺序都是不同的, 这个如果不弄清楚, 脚本执行过程中出现的问题可能就无法解决。

1. "配置元件" 中的所有元件, 优先级是最高的, 会优先执行。

• 如果直接放在测试计划下面, 则最先被执行, 作用整个测试计划;

• 如果放在某个线程组下面, 也是优先执行, 作用于当前线程组;

• 如果放在某个取样器下面, 则在该取样器执行前先执行, 只作用于当前的取样器。

2. "取样器" 不管协议是否相同, 它只作用于自身。在执行时不管多少并发用户数, 如果没有逻辑控制器控制顺序, 都是从上往下执行。

3. "逻辑控制器" 优先级比取样器高, 作用于其下的元件, 只有当其下挂载了取样器时, 才会被执行, 且在取样器之前被执行。

4. "前置处理器" 优先级比取样器高比逻辑控制器低, 在取样器执行之前执行。

• 如果添加在线程组下, 则作用于当前整个线程组, 线程组下每个取样器执行前, 都会先执行前置处理器。

• 如果添加在取样器下作为取样器的子集，则该取样器执行前会先执行前置处理器，其他取样器不会执行这个前置处理器，但是此时前置处理器仅作用于当前取样器。

5．"后置处理器"优先级比取样器低，取样器执行之后才会被执行。

• 如果添加在线程组下则作用于当前整个线程组，但等所有取样器都被执行后才执行。

• 如果添加在某一个取样器下面，则只作用于当前一个取样器。

6．"断言"，优先级比取样器低，取样器执行之后才会执行。

• 如果添加在线程组下，作用于整个线程组。

• 如果添加在某一个具体的取样器下面，则只作用于当前一个取样器。

7．"监听器"优先级比取样器低，取样器执行之后才会执行。

• 如果添加在测试计划下面，作用域整个测试计划，可以显示所有取样器的执行结果。

• 如果添加在线程组下，作用于整个线程组。

• 如果添加在某一个具体的取样器下面，则只作用于当前一个取样器，在当前取样器执行完后就会执行。

## ◎ 2.6 用户定义变量与用户参数的区别

用户定义变量是全局变量，在脚本启动运行时获取一次值，在运行过程中不会再动态获取值；而用户参数是局部变量，在脚本启动运行时获取一次值，在运行过程中还会动态获取值。

用户定义变量是可以跨线程组被引用的；用户参数只能在当前线程组中被引用，不能直接跨线程组引用。

接下来大家一起来做几个实验，进行验证。

试验 1：

首先使用"用户定义变量"，值用随机函数生成。

图2-6-1 元件差异-JMeter-1

然后把线程组的循环次数设置3次。

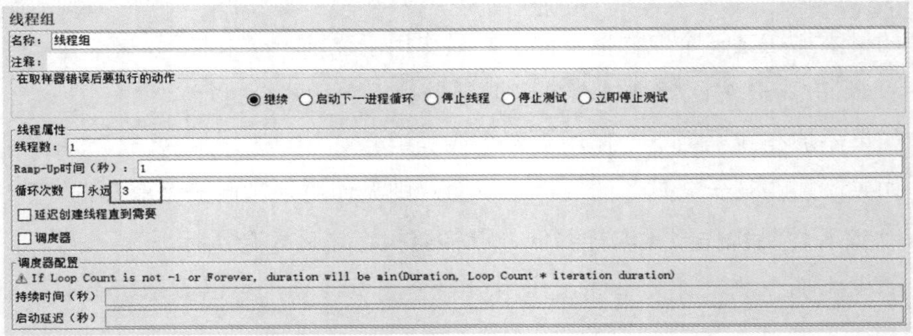

图2-6-2 元件差异-JMeter-2

运行脚本，从查看结果树中，看得到3次请求的手机号码都相同。因为用户定义变量在启动的时获取一次，在运行过程中不会再获取值。

同样的使用"用户参数"，值用随机函数生成。

运行3次我们会发现，从查看结果树中，3次的手机号码都不相同。因为用户参数在启动时获取一次值，在运行过程中还会动态获取值。

试验2：

添加两个线程组，在下面挂载登录接口查看结果树，登录接口中手机号码参数值，引用上一个线程组"用户定义变量"变量名。

图2-6-3 元件差异-JMeter-3

点击运行，从查看结果树中，我们可以看得到能正常引用上一个线程组"用户定义变量"的手机号码。

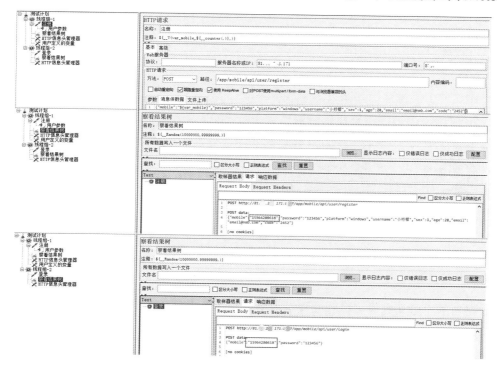

图2-6-4 元件差异-JMeter-4

同样的操作，只是把引用的变量名称换成用"用户参数"的变量名。运行后发现第 2 个线程组中，无法取得到用户参数的值。

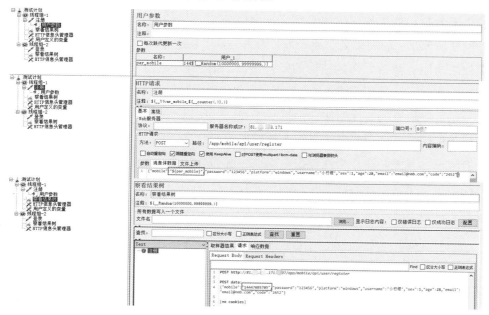

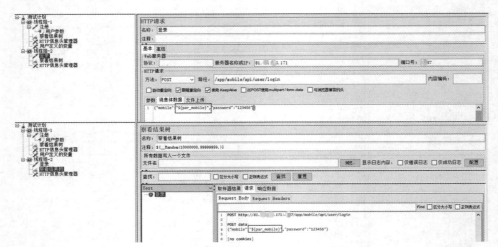

图2-6-5 元件差异-JMeter-5

因为用户定义变量可以跨线程组被引用，而用户参数不能直接跨线程组被引用。

从上面两个实验我们可以看到，用户定义变量启动时生成一次手机号码，在运行过程中手机号码都不再发生变化；用户参数，在启动时生成一次手机号码，在脚本运行中又会动态生成手机号码。

那如何才能实现参数的跨线程组使用呢？我们通过下面的案例来学习解决。

**案例：** 有注册和登录两个接口，注册的账号随机生成，登录时需要用刚注册的账号登录。

**需求分析：** 如果使用"用户定义变量"作为注册的账户名，注册接口只有第1次才能注册成功，后面都会注册失败，因为手机号码一直都没变，但登录可以成功；如果使用"用户参数"作为注册的账户名，注册接口能一直成功，但是登录接口却全部登录失败，因为用户参数在运行过程中会动态获取值，登录时会再次动态获取手机号码，手机号码与注册接口手机号不相同，所以不能正常登录。

那我们应该怎么做呢？这里有两种常用解决方案。

**方法一：** 首先新建一个线程组，添加注册和登录两个接口；然后把"用户参数"挂在注册接口下面，作为注册接口的子元件。

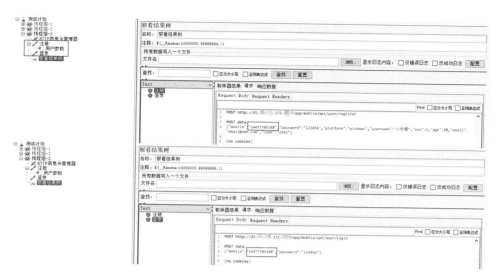

图2-6-6 元件差异-JMeter-6

运行后就会发现注册和登录使用了相同的手机号码，因为用户参数此时的作用域是注册接口和下面的取样器。在执行注册接口时获取一次用户参数的值，在执行登录接口时获取的还是同一个用户参数，所以注册、登录两个接口就用相同的手机号，注册成功和登录都能成功。

**方法二**：在一个线程组中添加注册、登录取样器和用户参数，用户参数放在线程组中，勾选"每次迭代更新一次"，然后运行脚本，发现注册和登录使用的手机号码都相同。

图2-6-7 元件差异-JMeter-7

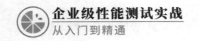

因为用户参数勾选了"每次迭代更新一次",表示只有完成一轮迭代才会更新一次,而放在一个线程组下面的注册和登录两个接口是属于同一迭代,所以在同一次执行时这两个手机号码的值是不变的。

## ◎ 2.7 JMeter 编写其他协议脚本

在现在企业中,一个项目往往不会只采用一种协议,一般是 http 协议加其他协议,如 soap、jdbc、dubbo、websocket、MQ 协议,JMeter 也支持这些协议接口的脚本编写。

### 2.7.1 SOAP协议脚本编写

关于 soap 协议要先了解下 Webservice,Webservice 是一个 Web 的应用程序,使用 xml 的方式向外暴露可供调用的 API 接口,Webservice 接口标准有三种,soap 就是其中一种,目前使用的 soap 协议标准有两种:1.1 版本和 1.2 版本。

soap 是基于 xml 的简易协议,可以使应用程序在 HTTP 上进行信息的交换,而 xml 本身是一种用于传输和存储数据的一种文本文件,所以 soap 这种协议你可以理解为就是 http 协议用 xml 进行数据传输的一种协议,所以在 JMeter 中可以直接使用 HTTP 取样器调 soap 接口。

在学习阶段,可以直接使用公开的天气预报 soap 接口:http://www.webxml.com.cn/zh_cn/weather_icon.aspx。如下图。

图2-7-1 其他协议脚本开发-soap-1

点击'获得国外国家名称与之对应的 ID getRegionCountry'接口,将打开接口 demo 页面,如下图。

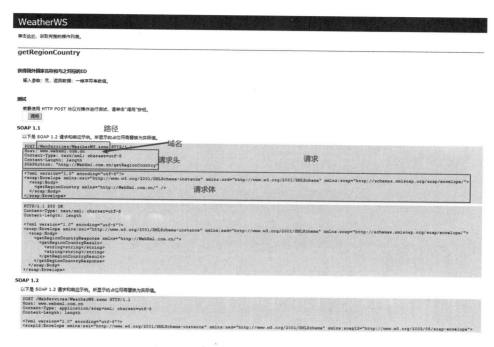

图2-7-2 其他协议脚本开发-soap-2

可以根据 demo，把相关的信息填写到 JMeter 的 HTTP 取样器中，如下图。

图2-7-3 其他协议脚本开发-soap-3

图2-7-4 其他协议脚本开发-soap-4

直接点击运行，若请求成功则 soap1.1 版本接口编写完成，如下图。

图2-7-5 其他协议脚本开发-soap-5

用同样的方法我们可以写出该接口的1.2版本的接口参数，如下图。

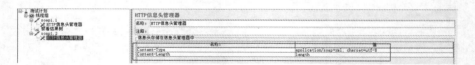

图2-7-6 其他协议脚本开发-soap-6

图2-7-7 其他协议脚本开发-soap-7

运行请求成功，soap1.2版本接口编写完成，如下图

图2-7-8 其他协议脚本开发-soap-8

对比 1.1 版本接口和 1.2 版本接口，我们发现：

· 1.1 消息头管理器中多一个 "SOAPAction"；

· 1.1 版本和 1.2 版本消息体中标签名称不一样。

考虑到 JMeter 的低版本是 soap 取样器这个元件，而高版本没有这个元件，用低版本 soap 取样器写的脚本，将不能直接在高版本中打开，此时需要引入 JMeter 的 soap 插件，JMeter 插件安装与使用步骤如下。

1. 浏览器访问：https://jmeter-plugins.org/ 下载 JMeter 插件 jar 包，如下图。

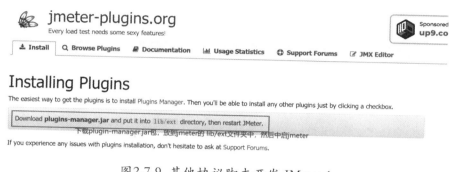

图2-7-9 其他协议脚本开发-JMeter-1

2. 把 jar 包放到 JMeter 解压文件夹的 lib 下的 ext 文件夹中，重启 JMeter。

3. 重启后，在 JMeter 的菜单 "选项" 下面点击 "Plugins Manager"，如下图。

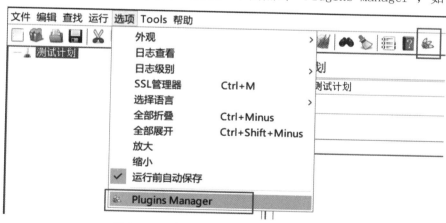

图2-7-10 其他协议脚本开发-JMeter-2

4. 在弹窗中选择 "Available plugins"，然后搜索 soap，勾选 "Custom SOAP Sampler"，点击【Apply Changes and Restart JMeter】，如下图。

图2-7-11 其他协议脚本开发-JMeter-3

5. 下载完成之后会自动重启 JMeter。我们可以从 JMeter 的 bin 文件夹、lib 文件夹和 lib\ext 文件夹中，看到有新文件，这些就是下载插件变更的文件。

6. 现在就能在取样器下面，看到有"Customer Soap Sampler"取样器，如下图。

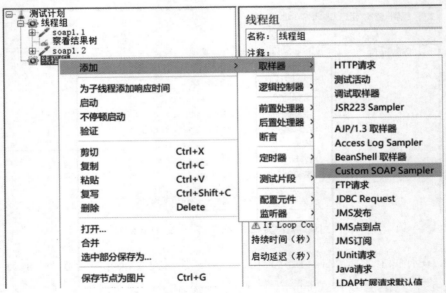

图2-7-12 其他协议脚本开发-JMeter-4

7. 开始编写脚本

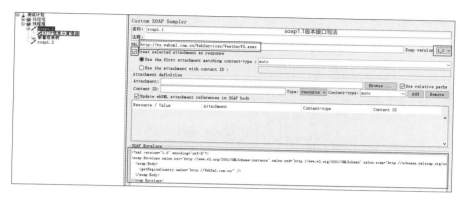

图2-7-13 其他协议脚本开发-JMeter-5

图2-7-14 其他协议脚本开发-JMeter-6

这样,就实现了用 soap 插件写 soap 协议接口。

## 2.7.2 JDBC协议脚本编写

JDBC(Java Data Base Connectivity) 是一种用于执行 SQL 语句的 Java API,通过这个API可以直接执行SQL语句。JMeter执行jdbc请求,需要满足下面3个条件。

• 需要有对应数据库类型的驱动 jar 包,如 MySQL 数据库的 jar 包 mysql-connector-java_ 版本 .jar。这个 jar 包,可以从 maven 仓库中下载 Maven Repository:mysql»mysql-connector-java (mvnrepository.com)。

• 把 jar 包放到 JMeter 解压文件夹的 lib 目录下,重启 JMeter。

• 在 JMeter 中配置数据库连接信息 JDBC Connection Configuration。

具体编写并执行 JDBC 脚本步骤如下。

1. 点击测试计划右键，添加→配置元件→数据库连接配置 JDBC Connection Configuration，如下图：

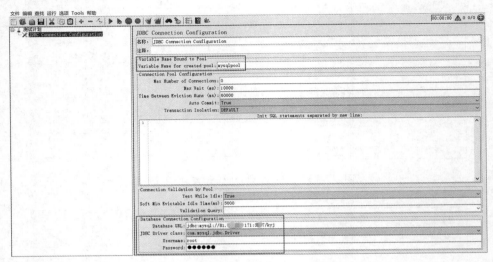

图2-7-15 其他协议脚本开发-jdbc-1

对于 JDBC 的元件字段说明如下。

•variable Name for created pool：创建一个线程池变量名，名称可以自定义。

• Username：登录数据库的账号。

• Password：登录数据库的账号密码。

• Database URL：数据库链接地址，不同数据库类型链接地址写法不一样。MySql 数据库的写法是：jdbc:mysql://dbms_ip:port/db_name；有时为了防止字符集乱码，可以在最后面加：?useUnicode=true&characterEncoding=utf-8。

• JDBC Driver class：jdbc 驱动类，可以在下拉框中选择 MySql5 或 8 版本，可以选择 com.mysql.jdbc.Driver。

在这里要注意的是，不同的数据库他的 JDBC 的驱动类以及数据库链接地址是不一样的，现把项目中可能会遇到的数据库对应的驱动类，列在下表中。

表2-7-1　jdbc协议DatabaseURL和Driverclass枚举值

| 数据库 | DatabaseURL | Driverclass |
|---|---|---|
| MySql | jdbc:mysql://dbms_ip:port/db_name | com.mysql.jdbc.Driver |
| PostgreSQL | jdbc:postgresql:{dbname} | org.postgresql.Driver |
| Oracle | jdbc:oracle:thin:@//host:port/service OR jdbc:oracle:thin:@(description=(address=(host={mc-name})(protocol=tcp)(port={port-no}))(connect_data=(sid={sid}))) | oracle.jdbc.OracleDriver |
| Ingress (2006) | jdbc:ingres://host:port/db[;attr=value] | ingres.jdbc.IngresDriver |
| Microsoft SQL Server(MS JDBC driver) | jdbc:sqlserver://host:port;DatabaseName=dbname | com.microsoft.sqlserver.jdbc.SQLServerDriver |
| Apache Derby | jdbc:derby://server[:port]/databaseName[;URLAttributes=value[;…]] | org.apache.derby.jdbc.ClientDriver |
| 提示：MySQL 数据库要注意数据库的版本，如果是 5 的版本，那么我们的 jar 包，可以是 5 或 8 的版本；但是如果 MySQL 数据库是 8 的版本，那 jar 包就只能是 8 的版本，而且JavaDriverclass 需要选择"编辑"，然后填写 com.mysql.jc.jdbc.Driver。 | | |

2. 在线程组中添加 JDBC Request 取样器；线程组右键添加 > 取样器 >JDBC Request，如下图。

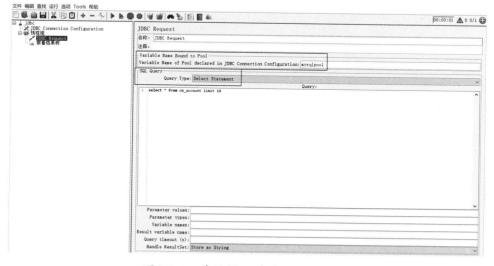

图2-7-16　其他协议脚本开发-jdbc-2

JDBC 请求界面的字段说明如下。

• Variable Name of Pool declared in JDBC Connection Configuration: 填

写在 jdbc connection configuration 中配置的线程池变量名称。

• Query Type：SQL 脚本类型，如果是不带参数的查询语句，则使用默认的 select statement，不同的 SQL 语句需要选择不同的 QueryType，如下表所示。

表2-7-2 QueryType类型与用法

| QueryType | 解析 |
| --- | --- |
| Select statement | 查询语句只能执行一条 |
| Update statement | 变更语句只能执行一条 |
| Callable statements | 调用存储过程 |
| Prepared select statement | 带参数的查询语句 |
| Prepared update statement | 带参数的变更语句 |
| Commit | 提交 |
| Rollback | 回滚 |
| Autocommit | 自动提交 |
| Autocommit | 自动提交 |
| 编辑 ${} | 把 SQL 当脚本放在 csv 文件中 |

• Parament values：填写变量，在我们写 SQL 时，经常会写一些带有变量的语句，这些变量有两种比较常用方法，第 1 种方法是直接在脚本中引用变量，如下图。

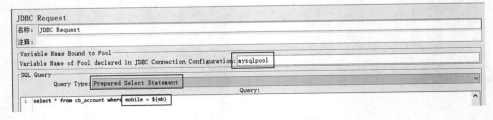

图2-7-17 其他协议脚本开发-jdbc-3

第 2 种方法是在脚本中使用问号"？"占位，然后在 Parameter values 中引用变量，在 Parameter types 中填写变量类型，如下图。

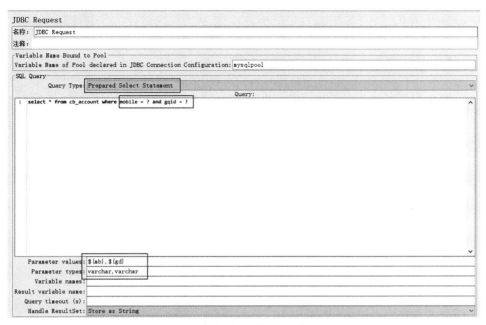

图2-7-18 其他协议脚本开发-jdbc-4

注意：

（1）JMeter 默认是不支持一个 Query 中写多个 SQL 语句的，所以不要在一个 Query 中写多个 SQL 语句；

（2）写 SQL 语句一般要用分号结尾，但是 JMeter 中可以不要分号结尾；

（3）不同的 SQL 语句要选择正确的 Query type，如果 Query type 错了，正确的 SQL 语句也会执行报错；

（4）写带有变量的 SQL 时，建议大家使用问号占位这种方式；

（5）SQL 语句中使用多个变量时，变量和类型之间用英文逗号分隔，变量和位置要一一对应；

（6）Parameter types 变量的类型不确定时，都可以使用 varchar。

•Variable names: 定义变量接收 SQL 返回值。多个变量之间使用英文逗号分隔，每个变量接收对应一列的值；当一列的值有多个时，变量名称将自动跟上下划线加数字序号，引用时可以使用 V 函数。

图2-7-19 其他协议脚本开发-jdbc-5

• Results variable name：定义一个变量接收所有返回值，如下图。

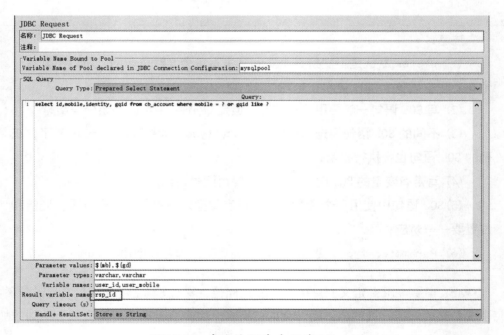

图2-7-20 其他协议脚本开发-jdbc-6

图2-7-21 其他协议脚本开发-jdbc-7

更多课后阅读请扫码获取。

扫一扫,直接在手机上打开

图2-7-22 其他协议脚本开发-拓展阅读

## 2.7.3 Dubbo协议脚本编写

Dubbo 是阿里巴巴开源的一款高性能、轻量级的 Java RPC 框架,使得应用可以通过高性能的 rpc 实现服务的输出与输入功能,可以和 spring 框架无缝集成。

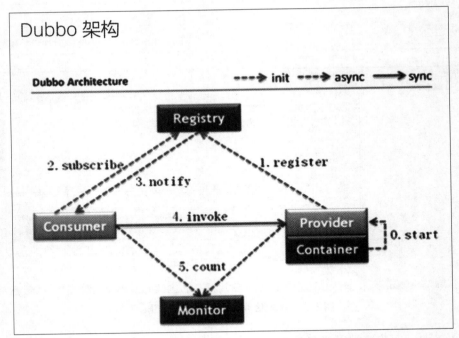

图2-7-23 其他协议脚本开发-dubbo-1

表2-7-3 dubbo架构解析

| 节点 | 角色说明 |
|------|---------|
| Provider | 暴露服务的服务提供方 |
| Consumer | 调用远程服务的服务消费方 |
| Registry | 服务注册与发现的注册中心 |
| Monitor | 统计服务的调用次数和调用时间的监控中心 |
| Container | 服务运行容器 |

JMeter 测试 dubbo 接口的具体操作步骤如下所示。

1. 把 jmeter-plugins-dubbo-2.7.3-jar-with-dependencies.jar 包放入 JMeter 的 lib\ext 文件夹中，启动 JMeter。

2. 线程组右键，添加→取样器→Dubbo Sample。

3. 在 RegistrySetting 的 Protocol 中选择 zookeeper，Address 中，填写自己服务器的地址，如下图。

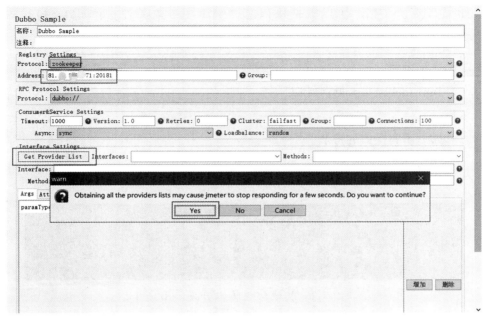

图2-7-24 其他协议脚本开发-dubbo-2

4. 点击 Interface Setting 中的【Get Provider List】按钮，在弹窗中点击 "Yes"，待获取到提供者，弹窗中点击 OK。此时就可以看到 Interfaces 中有了接口地址，Methods 中有了方法，如下图。

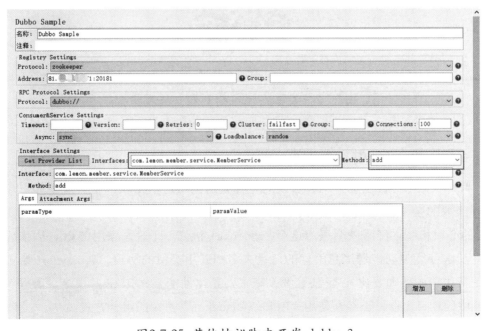

图2-7-25 其他协议脚本开发-dubbo-3

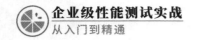

如果有接口文档，可以根据接口文档来填写参数类型 paramType 和参数值 paramValue。如果没有可以通过 telnet 命令来测试 dubbo 接口。

```
# 连接项目
telnet dubbo_ip 服务端口
ls
# 显示所有接口的方法
ls -l com.lemon.member.service.MemberService
```

```
dubbo>ls
com.lemon.member.service.MemberService
dubbo>ls -l com.lemon.member.service.MemberService
com.lemon.member.pojo.Member getMember(com.lemon.member.pojo.Member)
void recharge(com.lemon.member.pojo.Recharger)
void withdraw(com.lemon.member.pojo.WithDrawer)
void add(com.lemon.member.pojo.Member)
void update(com.lemon.member.pojo.Member)
java.util.List list()
dubbo>
```

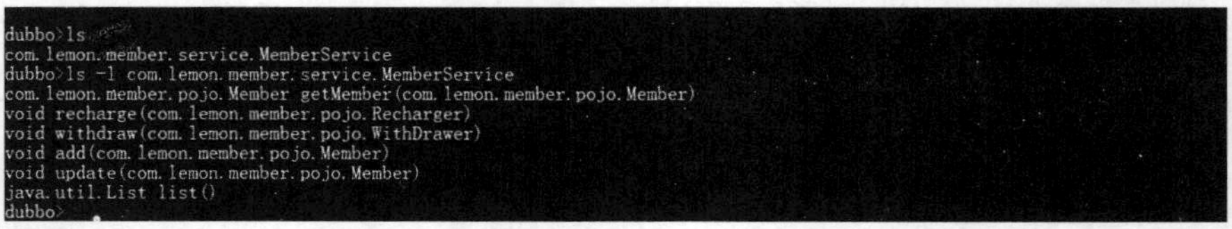

图2-7-26 其他协议脚本开发-dubbo-4

通过 ls 命令就能看到所有方法，其中括号中的就是对应的 paramType 的值。

更多课后阅读请扫码获取。

扫一扫，直接在手机上打开

图2-7-27 其他协议脚本开发-拓展阅读

### 2.7.4 Websocket协议脚本编写

Websocket 协议是基于 TCP 协议的一种新的网络通信协议，它实现了客户端与服务器端的全双工通信，即允许服务器主动向客户端发送请消息。在现在企业中 APP 的心跳机制，经常就会采用这个 Websocket 协议，平时大家用的 QQ、微信应用软件，这种能主动推送消息给你的，也大多都采用类似的协议。Websocket 协议它的数据传输的效率要比 HTTP 协议要高很多，整体性能要比 HTTP 好很多，所以现在企业中的项目里面，已经在使用“HTTP+Websocket”协议的组合方式。

JMeter 测试 Websocket 接口的步骤如下。

1. 下载插件管理包 "jmeter-plugins-manager- 版本号 .jar"，放到 JMeter 的 lib\ext 文件夹中，重启 JMeter。

2. 在 JMeter 的图形界面，菜单栏中选择选项→ plugins manager 在弹窗中选择 "Available plugins"，在搜索框中输入 "Websocket"，勾选 "WebSocket Samplers by Peter Doornbosch"，然后点击【Apply Changes and Restart JMeter】按钮，如下图。

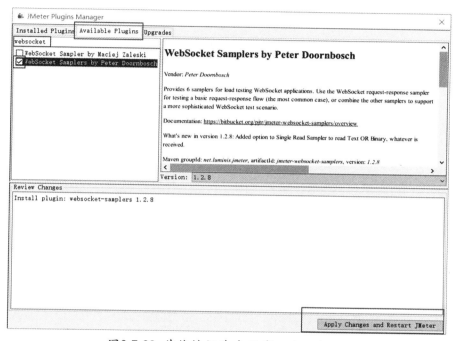

图2-7-28 其他协议脚本开发-websocket-1

3. 下载完成后会自动重启 JMeter，重启后，在取样器中就能够看到多个 "Websocket" 的开头的取样器，如下图。

图2-7-29 其他协议脚本开发-Websocket-2

表2-7-4 Websocket元件说明

| 取样器 | 说明 |
| --- | --- |
| Websocket Close | 关闭连接 |
| Websocket Open Connection | 配置一个 Websocket 的连接 |
| Websocket Ping/Pong | 发送 Ping 或接收 Pong 请求，测试网络 |
| Websocket Single Read Sampler | 接收读取请求 |
| Websocket Single Write Sampler | 发送请求 |
| Websocket request-response sampler | 执行发送－读取响应请求 |

4. Websocket Open Connection 建立 Websocket 连接，如下图。

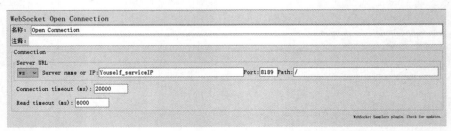

图2-7-30 其他协议脚本开发-Websocket-3

5. Webscoket Request-Response Sampler 发送 - 读取响应请求，如下图。

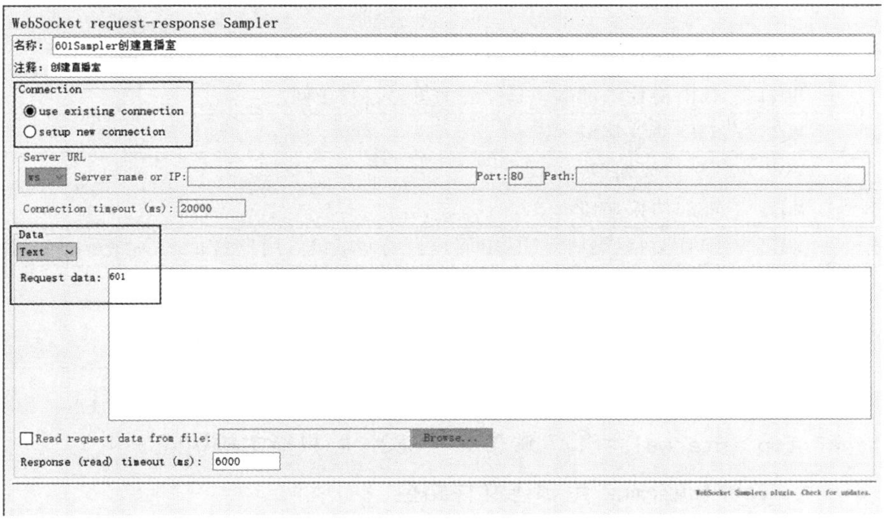

图2-7-31 其他协议脚本开发-Websocket-4

上图界面中的字段说明如下。

• Connection 版块：

  use exiting connection 使用已经存在的连接

  setup new connection 建立一个新连接

• Data 版块：

  Text：消息体数据类型为文本

  Binary：消息体数据类型为二进制

6. 点击运行，在查看结果树中就能看到响应结果。

### 2.7.5 MQ协议脚本编写

MQ(message queue) 消息队列，是一种先进先出的典型数据结构，一般用来解决应用解耦、异步消息、流量削峰等问题，实现高性能、高可用、可课伸缩和最终一致性的架构。

典型产品有：RabbitMQ、ActiveMQ、Kafka、RocketMQ、ZeroMQ、MQTT

这一节的学习将用到开源项目 MQTT，它支持 http/tcp、ws、mqtt 等多种不同协议。可以通过浏览器访问：http://Youself_serviceIP:18083 账户密码 admin/public。

这个开源项目对应的端口如下列表所示。

表2-7-5  MQTT端口与协议说明

| 端口 | 说明 |
|---|---|
| 1883 | MQTT / TCP 协议端口可以被外部访问 |
| 11883 | MQTT / TCP 协议内部端口只能当前机器自身访问 |
| 8883 | MQTT / SSL 协议端口 |
| 8083 | MQTT / WS 协议端口 |
| 8084 | MQTT / WSS 协议端口 |
| 18083 | MQTT / HTTP 协议端口， HTTP 管理台访问端口，用户名 admin，密码 public |

配置文件：/etc/emqx/emqx.conf

```
listener.tcp.external = 0.0.0.0:1883        # 可以外网访问的端口
listener.tcp.internal = 127.0.0.1:11883   # 只能本机访问
log.dir = /var/log/emqx # 日志文件路径
log.level = warning        # 日志级别
log.file = emqx.log        # 日志文件，会自动在后面增加数字
```

JMeter 测试 MQ 接口的步骤如下。

1. 下载插件管理包"jmeter-plugins-manager-版本号.jar"，放到 JMeter 的 lib\ext 文件夹中，重启 JMeter。

2. 在 JMeter 的图形界面，菜单栏中选择选项→plugins manager 在弹窗中选择"Available plugins"，在搜索框中输入"mq"，勾选'MQTT Protocol Support'，然后点击【Apply Changes and Restart JMeter】按钮，如下图。

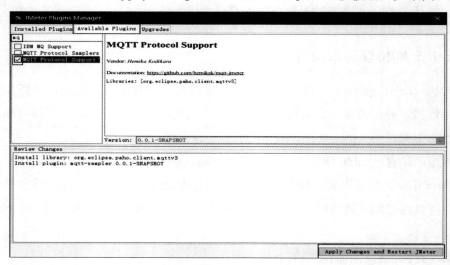

图2-7-32 其他协议脚本开发-mqtt-1

3. 下载完成后会自动重启 JMeter，重启后在取样器中就能够看到多个 'MQTT' 的开头的取样器，如下图。

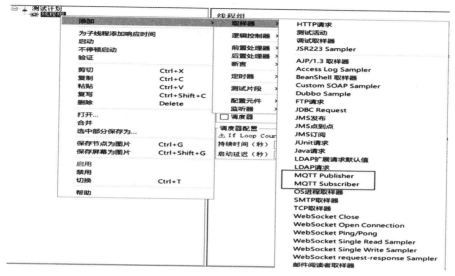

图2-7-33 其他协议脚本开发-mqtt-2

4. 开始编写脚本。

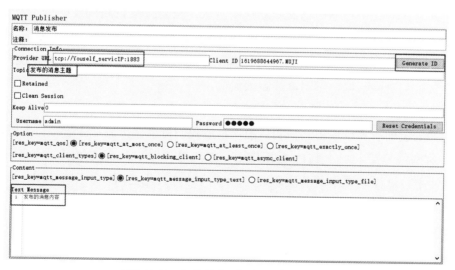

图2-7-34 其他协议脚本开发-mqtt-3

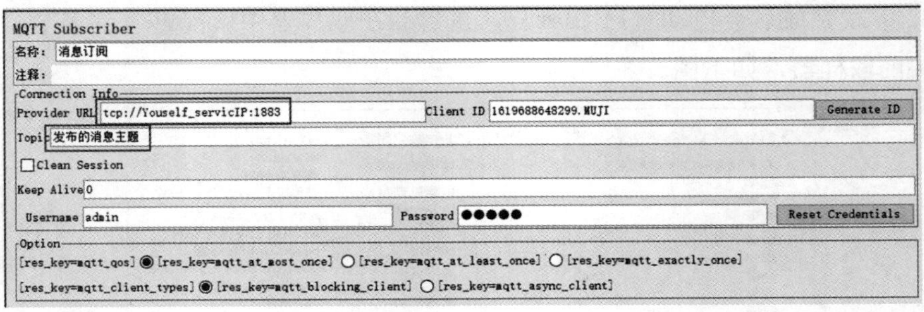

图2-7-35 其他协议脚本开发-mqtt-4

提示：MQTT 官方也提供 JMeter 的插件，也可以使用官方插件。

## ◎ 2.8 DDT 数据驱动性能测试（二）-- 造数据

2.4 节学了 JMeter 用 csv 方式进行 DDT 数据驱动性能测试，也学了 JMeter 调用 jdbc 协议获取数据库的数据进行测试，这一节学习利用数据库数据进行 DDT 数据驱动性能测试。

用 csv 的方式进行 DDT 数据驱动性能测试，需要先准备测试数据写入到 csv 文件中去；用 jdbc 协议也是从数据库中获取现有的数据进行测试。而 sqlite 数据库能让当前进行性能测试测试数据持久化到保存到一个地方，后续再进行性能测试时可以直接使用这些数据，不用再造测试数据。

sqlite 是一个关系型数据库，数据存放在一个 db 文件中，一般操作系统都自带，无须安装即可直接使用。在实际的项目中我们可以直接调用注册接口生成账号，然后把这些账号写入到 sqlite 数据库中，然后再获取 sqlite 数据库中数据生成到 CSV 文件中。这样动态生成的注册账号就能同时持久化在两个不同文件中，后续使用时既可以用 csv 数据文件设置读取文件方式，也可以用 jdbc 协议获取 sqilte 数据库中数据的方式来使用。

实现 DDT 数据驱动的性能测试，具体操作如下。

1. 从 maven 仓库中搜索 "sqlite"，下载 sqlite 的 jdbc 驱动 jar 包，放入到 JMeter 的 lib\ext 文件夹中，重启 JMeter。

2. 在测试计划下添加配置元件 "JDBC Connection Configuration"，自定义一个数据库连接池名称；Database URL 填写格式："jdbc:sqlite: 你自己定义的数据库文件名称 .db"；JDBC Driver classes 选择："org.sqlite.JDBC"；用户名和密

码可以不用填。如下图。

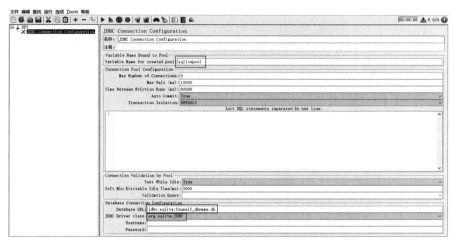

图2-8-1 DDT数据驱动性能测试(二)-DDT-1

3. 添加线程组→添加取样器，并开始编写接口请求，如下图。

图2-8-2 DDT数据驱动性能测试(二)-DDT-2

4. 手机号码使用用户参数，参数值用随机函数生成，用户参数勾选每次迭代更新一次，如下图。

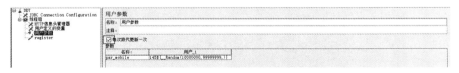

图2-8-3 DDT数据驱动性能测试(二)-DDT-3

5. 现在想把手机号码和密码进行持久化存储，可以创建一个数据库表来存储手机号码和密码。

6. 创建一个 setUp 线程组，把"JDBC Connection Configuration"移动到 setUp 线程组下面。

7. 在 setUp 线程组下面添加一个"JDBC Request"取样器，用于创建数据库表，脚本如下。

```
create table if not exists register_user(
"id" INTEGER PRIMARY KEY AUTOINCREMENT NOT NULL,
"mobile"      TEXT,
"password"      TEXT
)
```

如下图:

图2-8-4 DDT数据驱动性能测试(二)-DDT-4

8. 在线程组下面，添加"JDBC request"取样器编写插入脚本，如下图。

```
insert into register_user('mobile','password') values (?,?)
```

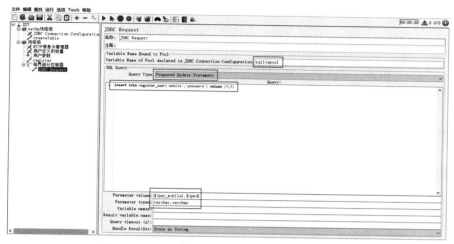

图2-8-5 DDT数据驱动性能测试(二)-DDT-5

9. 添加查看结果树，运行后查看结果，如下图。

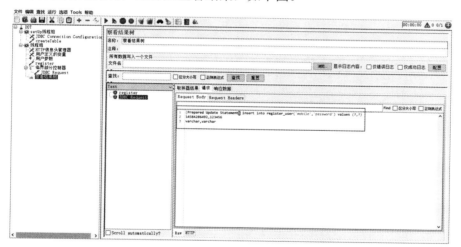

图2-8-6 DDT数据驱动性能测试(二)-DDT-6

10. 进入 JMeter 的 bin 文件夹，发现新生成的一个数据库 db 文件，如下图。

图2-8-7 DDT数据驱动性能测试(二)-DDT-7

11. 可以使用 Navicat 工具，打开该 db 文件，数据库中实际存在该数据，如下图。

图2-8-8 DDT数据驱动性能测试(二)-DDT-8

12. 把数据库中的数据写入到一个本地文本文件中，这样后续可以用 csv 数据文件设置功能来读取这些数据用于测试。添加一个"tearDown 线程组"，再在线程组下面添加"JDBC Request"取样器，用于获取 sqlite 数据库中的数据。

13. 添加"保存响应到文件"监听器，用于把数据结果写入到文件。

```
select mobile,password from register_user
```

如下图。

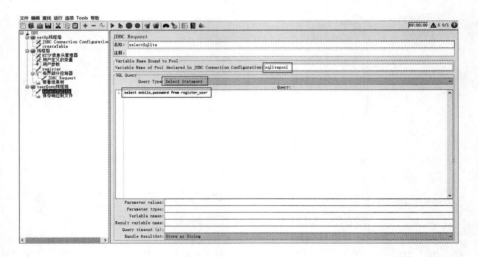

图2-8-9 DDT数据驱动性能测试(二)-DDT-9

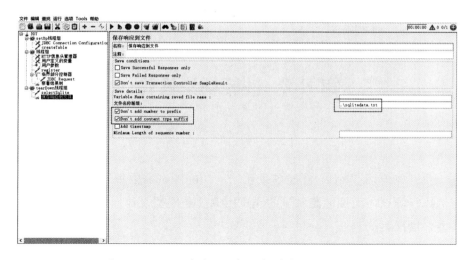

图2-8-10 DDT数据驱动性能测试(二)-DDT-10

14. "保存响应到文件"中文件名称前缀，直接填写文件路径及文件名，可以是文本文件或者 Excel 格式文件，不可为 csv 格式文件。"Don't add number to prefix"和"Don't add content type suffix"两个复选框都需要勾选，不然在文件名称中会增加数字前缀和类型后缀。

15. 运行脚本，待脚本运行结束后，在 JMeter 的 bin 文件夹下面，生成了一个 sqlitedata.txt 的文件，如下图。

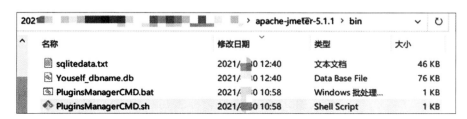

图2-8-11 DDT数据驱动性能测试(二)-DDT-11

16. 打开该文本文件，可以看到数据库中所有数据都写入到了该文本文件中。此时注册接口使用的所有账号分别在 sqlite 数据库和 sqlitedata.txt 文本文件各存了一份，后续我们再要进行性能测试时，就可以直接使用本地的这两份数据了。

# 第 3 章 性能场景设计

这一章开始学习 JMeter 性能场景设计，功能测试需要编写测试用例然后根据测试用例执行测试，而性能测试里的测试用例就是模型设计，根据性能场景设计不同的模型来执行测试。

## ◎ 3.1 普通测试场景

性能测试中最简单的就是使用普通线程组设计性能测试场景，如下图。

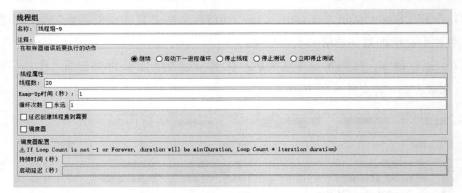

图3-1-1 普通性能场景-1

场景设置界面功能详解。

在取样器错误后要执行的动作如下。

· 继续：如果出现了不影响性能测试执行的错误，依然还会继续运行。

· 启动下一个进程循环：出现错误，就重新启动一个新的进程来运行性能测试场景。

· 停止线程：出现错误，就停止当前出错的这个线程，其他的线程依然继续执行。

· 停止测试：出现错误，整个性能测试就停止运行。

· 立即停止测试：出现错误，立刻停止整个性能测试。

线程属性：

• 线程数：指模拟的并发用户数数量。JMeter 只支持用线程来模拟并发用户数，理论上 JMeter 不限制线程数量，但 JMeter 受电脑的资源的限制所以不可能无限扩大线程数量，一般一台电脑可以虚拟的线程数大概在 2000 以内，超过 2000 则可能无法创建，所以在做性能测试时若并发用户数超过 2000，建议使用分布式测试方法。

• Ramp-up 时间（秒）：指启动所有线程数所使用的时间，显示的是从第一个线程被创建到所有线程创建完成总计时间，但无法确定每秒创建多少个线程。 创建对应数量的线程数应该设置多长的启动时间，可以参考如下经验：如果并发用户数超过 100，启动时间设置大于 1；如果并发用户数 300 以内，时间设置为 3；若并发用户数介于 300 ~ 1000 之间，时间设置为 5；若并发用户数超过 1000，建议设置大于 5。

• 循环次数：指循环运行的次数，默认是 1。如果仅勾选"永远"则会一直运行下去直到手动停止；如果勾选"永远"并把调度器的'持续时间（秒）'设置指定时长，那么就会在运行设置的时长后自动停止，性能测试中建议勾选"永远 + 调度器"来设置持续时间。

• 延迟创建线程直到需要：指在需要使用到这个线程时才创建。

• 调度器：控制"调度器配置"。

• 调度器配置：这个配置一定要勾选"调度器"才生效。

• 持续时间（秒）：设置持续运行的时长。

• 启动延迟（秒）：设置在持续运行之前要延迟多长时间启动。

场景设计完就可以去添加接口取样器以及监听器，如查看结果树、聚合报告，如下图。

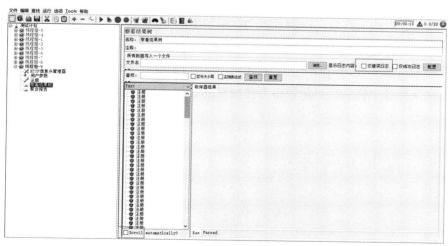

图3-1-2 普通性能场景-2

　　查看结果树中的结果，若请求结果都是绿色且 HTTP 响应码为 1xx、2xx、3xx，则说明请求网络成功；若请求是红色且 HTTP 响应码为 4xx、5xx，则说明请求网络失败。也可以通过勾选"仅错误日志"只显示失败的请求，方便更快去定位错误。

> **注意：查看结果树中的显示顺序是收到响应的先后顺序，与取样器执行顺序不同。**

　　在运行过程中可以通过聚合报告，查看相关性能测试数据，如下图。

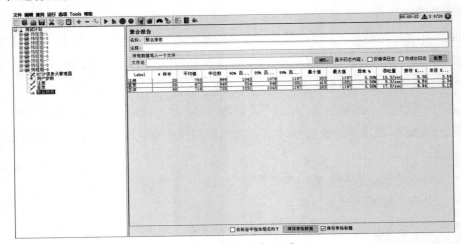

图3-1-3 普通性能场景-3

### 3.1.1 聚合报告

　　聚合报告是一种监听器，它能够比较直观的展示性能测试相关数据，但不建议在性能测试中添加监听器，因为会影响性能结果。

　　聚合报告中每一行都是一种事务，如果在 JMeter 中添加事务控制器，并把多个接口放置在该事务控制器下，然后勾选"Generate parent sample"合并事务复选框，聚合报告中就会只显示该事务控制器的名称，如下图。

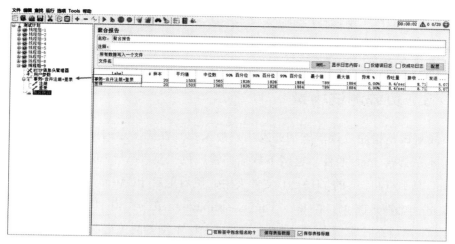

图3-1-4 普通性能场景-4

表3-1-1　聚合报告各列说明

| 列名 | 说明 |
|---|---|
| Label | 事务名称 |
| # 样本 | 在整个性能测试过程中总共发起的请求量 |
| 平均值 | 所有样本的响应时间的平均值 |
| 中位数 | 50% 用户的响应时间小于该值 |
| 90% 百分位，95% 百分位，99% 百分位 | 90% 百分位：95% 用户的响应时间小于该值，95%、99% 也是同样道理。因为"平均值"可能与实际情况偏差比较大，所以性能测试会用 90% 的值作为响应时间指标的参考值 |
| 最小值 | 所有样本中，响应时间最小的值 |
| 最大值 | 所有样本中，响应时间最大的值 |
| 异常（%） | 在总的请求次数中失败次数的占比。一般要求 3 个 9 或 4 个 9 的成功率，所以异常率要求小于 0.1% 或 0.01% |
| 吞吐量 | 在网络传输过程中，平均每秒能传输多少个事务，这个数值很多时候会被人们直接当作服务器的 TPS 值来参考，但是实际中它们是存在差异的，当我们的并发用户数是不变的时候，而且没有网络瓶颈的时候，我们是可以把吞吐量的数值当作 TPS 的数值来参考，但如果这两个条件有任意一个不能满足，都不能把吞吐量的值当作 TPS 值 |
| 发送 KB/sec | 在性能测试过程中，通过网络平均每秒发送了多少 KB 的数据。是性能测试指标中的吞吐率 |
| 接收 KB/sec | 在性能测试过程中，通过网络每秒平均接收到多少 KB 数据。是性能测试指标中的吞吐率 |

发送和接收是关于吞吐率的两个数据，单位都是 KB/s，网络带宽的单位是 Mbps，1B=8b，1Mb=1024Kb，即 1 兆宽带理论最大速度为 1024/8=128KB/s，我们可

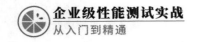

以通过吞吐率的两个数据与网络带宽进行比较,可以初步判断网络带宽是否成为性能瓶颈。

## ◎ 3.2 负载测试场景

负载测试是指通过逐步增加并发用户数来找到性能拐点的区间,设计负载测试场景需要先下载 jpgc 插件。官网下载插件管理包"jmeter-plugins-manager- 版本号.jar"放到 JMeter 的 lib\ext 文件夹中,然后重启 JMeter。

点击 JMeter 选项菜单 >Plugins manager,在弹窗中选择"Available plugins",然后在搜索框中输入"jpgc"(注意这个搜索的关键字后面有一个空格),选中插件。然后点击【Apply changes and restart JMeter】,如下图。

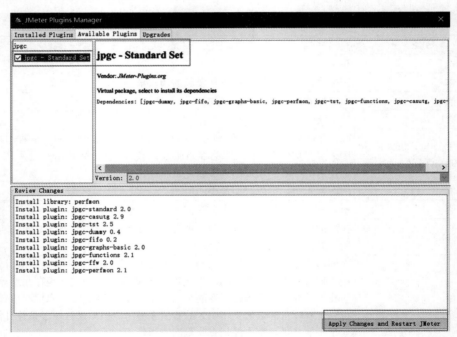

图3-2-1 负载测试场景-1

等待自动下载,下载完成后自动会重启 JMeter。重启之后,可以在测试计划上面右键 > 添加 > 线程组,看到多了插件引入的新的线程组,如下图。

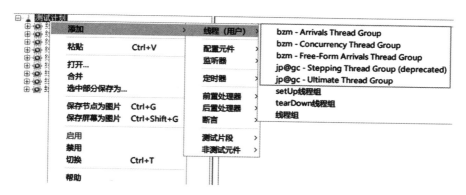

图3-2-2　负载测试场景-2

选择"jp@gc – Stepping Thread Group"其中一个线程组，如下图。

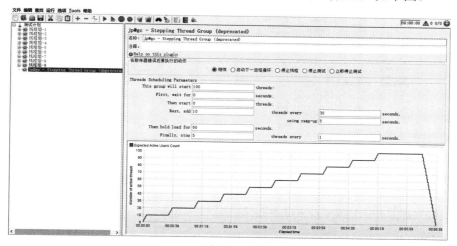

图3-2-3　负载测试场景-3

这是一个逐步增加并发用户数的阶梯图，横轴是时间，纵轴是线程数，随着时间的变化线程数逐步增加而且非常有规律，每隔一段时间会增加10个并发用户数，对于上图中的设置说明如下。

• This group will start 100 threads：这个线程组将启动最多100个线程。

• First, wait for 0 seconds：开始运行后等待0秒运行。

• Then start 0 threads：然后再启动0个线程。

• next add 10 threads every 30 seconds 、Using ramp-up 5 seconds：每5秒钟累加10个线程数，然后持续运行30秒钟，累加的次数＝总线程数÷每次累加数量。最后形成的就是上图所示的阶梯状图形。

• Then hold load for 60 seconds.：当所有并发用户数都创建完成后持续运

行 60 秒钟，如上图 100 个线程数对应的那条最长的横线。

·Finally, stop 5 threads every 1 seconds：每秒停止 5 个线程，如上图最后一段下降的曲线。

接下来添加取样器并写上要测试的接口，然后再添加监听器，监听器列表下有很多以 jp@gc 开头的监听器，这些都是 jpgc 插件自带的监听器，为了更好地使用这监听器，下面会对主要的 5 种监听器进行详细使用说明，如下图。

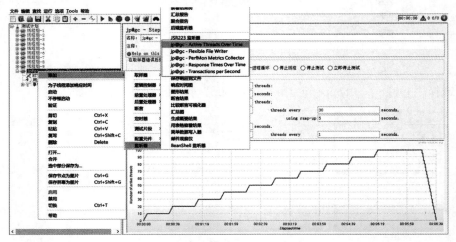

图3-2-4 负载测试场景-4

·jp@gc-Active Threads Over Time 监听器：随着时间变化的活跃线程数图。

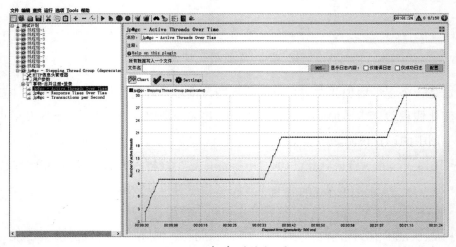

图3-2-5 负载测试场景-5

图中横坐标是执行时间，纵坐标是活跃线程数，图中显示了随着执行时间的增长逐步增加并发用户数的负载测试场景。从图中可以看出，5 秒钟增加的 10 个线程数并不是特别均匀的，只是 5 秒钟时间点结束时 10 个线程数增加完成了。

• jp@gc – Response Times Over Time 监听器：随着时间变化的响应时间图，图中 X 轴是执行时间，Y 轴是响应时间，单位是毫秒，如下图。

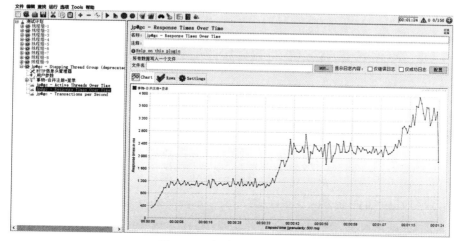

图3-2-6 负载测试场景-6

• jp@gc–Transactions per Second 监听器：显示实时 TPS。X 轴是执行时间，Y 轴是 TPS 每秒事务数，图中可以看到并发用户数相同时，TPS 值也是时刻在变化的，并不是一个固定值。

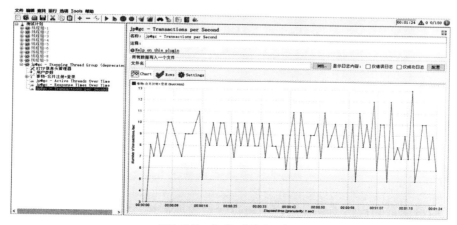

图3-2-7 负载测试场景-7

## 3.2.1 负载结果分析

做负载测试时添加了"jp@gc-Active Threads Over Time""jp@gc-Response Times Over Time""jp@gc-Transactions per Second"三个监听器，可以实时看到运行结果数据，但是想要通过这些数据分析得出最大可接受并发用户数的区间，则

需要把图表两两组合进行分析。

- 活跃线程数图 + 响应时间图结合：

看在活跃线程数相同的一段时间里，平均响应时间是否有超过 1.5 秒，最大可接受的并发用户数取值区间是：最后一个平均响应时间小于 1.5 秒时的并发用户数与到第一个平均响应时间超大于 1.5 秒时的并发用户数之间。

- 活跃线程数图 +TPS 图一起看：

如果 TPS 的图中出现连续报错的时间点对应的并发用户数，最大可接受并发用户数取值区间是：最后一个没有出错时的并发用户数与到一个出现连续报错的并发用户数之间；如果 TPS 图中没有失败，若在并发用户数相同的一段时间内 TPS 趋势出现下降，就说明超过了最大可接受并发用户数，那么最大可接受并发用户数取值区间是：平均最高 TPS 时的并发用户数与 TPS 下降时的并发用户数之间。

然后把这两次判断的最大可接受并发用户数区间取最小值，缩小区间步长，再做负载测试，从而得到最终的最大可接受并发用户数。（如判断上面的拐点区间在 10 ~ 20 并发用户数之间时，我们再次缩小步长，再做负载测试）如下图

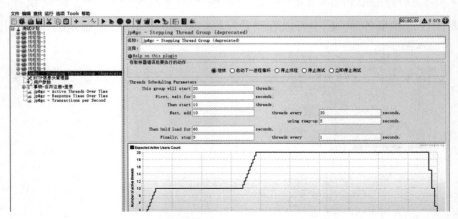

图3-2-8　负载测试场景-8

最后再用最大可接受并发用户数进行普通性能测试，就可以得到最大可接受并发用户数时各项性能指标值。

> **注意：负载测试过程中并发用户数是变化的，所以不能通过聚合报告中的吞吐量来确定 TPS 值的。**

## ◎ 3.3 压力测试场景

压力测试是指用一定量的并发用户数，持续运行比较长的时间来检测服务器的稳定性。如果用普通的线程组来设计压力测试场景，只需要在调度器中的"持续运行时间"，设置一个比较长的"持续时间（秒）"，就可以实现压力测试场景，如下图。

图3-3-1 压力测试场景-1

也可以用"jp@gc-Stepping Thread Group"设置一个比较长的"hold load"时间来实现压力测试场景的设计，如下图。

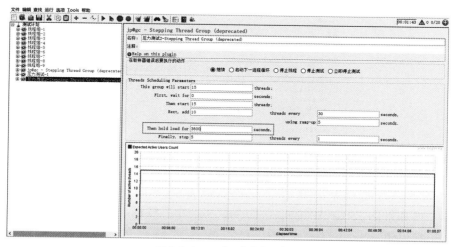

图3-3-2 压力测试场景-2

当然还有其他的一些线程组也可以实现压力测试，只需要合理设置压力测试持续的时间即可。

## ◎ 3.4 面向目标场景

在性能测试中可能会遇到这样的性能测试需求：快速验证某个活动或某个接口能否在同一秒内处理 50 个或 1000 个请求。对于这样的需求很多人会直接使用 50 个或者 1000 个并发用户在 1 秒内发起请求，看是否能正常地收到响应且不报错。实际上这样做拿不到任何有效的性能数据，正确的做法是应该先做需求分析，再去做性能场景设计，最后执行脚本得到正确的性能数据或指标。

需求分析：要求一秒内处理 50 个或 1000 个请求，如果把一个请求当一个事务，那么一秒钟要处理 50 个或 1000 个事务，实际上这样一个需求是要测试这个活动或者接口能否达到 50TPS 或者 1000TPS。

场景设计如下。

（1）使用 JMeter 中需要使用"bzm-Arrivals Thread Group"线程组，这个线程组来自 jpgc 插件，添加操作如下图。

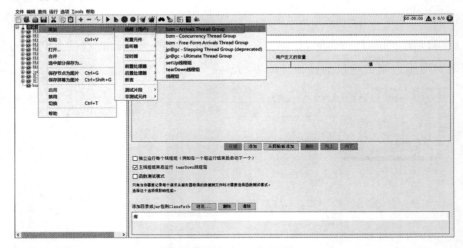

图3-4-1 面向目标场景-1

（2）添加好的"bzm-Arrivals Thread Group"线程组界面如下所示，现对每个参数进行说明。

图3-4-2 面向目标场景-2

•Target Rate(arrivals/min)：达到多少每分钟的目标。默认时间单位是分钟，在图表的下面有一个"Time Unit"可以切换单位为分钟或秒。当选中 seconds 时，目标就变成了"达到每秒钟多少"即 TPS，如下图。

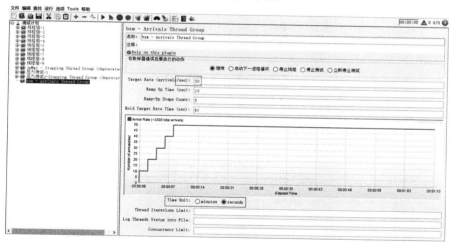

图3-4-3 面向目标场景-3

- Ramp up Time(sec)：启动时间。
- Ramp up steps Count：启动调整的步骤数量。
- Hold Target Rate Time(sec)：达到目标号持续运行时间。

图 3-4-3 中的设置作用是：在 10 秒钟内经过最多 5 次调整来产生一定数量的并发用户数，观测服务器处理能力是否能达到 50TPS，如果能达到则再持续运行 60 秒钟。在这个场景设计中并发用户数会根据实际的情况自动调整，在运行过程中当

TPS 小于目标值，就会在剩余的'调整次数'中增加并发用户数；如果 TPS 值已经超过了目标值，那么就会在剩余的'调整次数'中减少并发用户数；如果运行过程中所有的'调整次数'都用完了也无法达到目标 TPS 值，那么就会自动结束，直接根据结果可判定被测对象不能达到目标 TPS 值。

### 3.4.1 结果分析

添加"jp@gc-Active Threads Over Time"、"jp@gc-Response Times Over Time"、"jp@gc-Transactions per Second"三个监听器，查看运行结果，如下图：

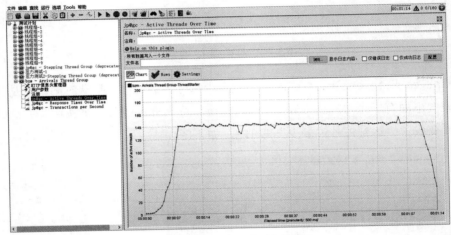

图3-4-4 面向目标场景-4

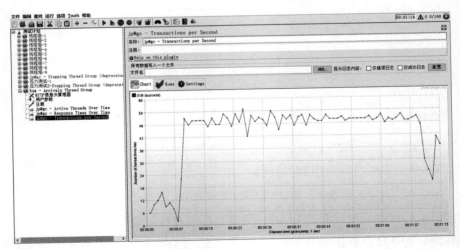

图3-4-5 面向目标场景-5

从上面实时活跃线程数图和实时的 TPS 的图，可以看得到，大概在 140 个并发用户数时，TPS 达到了平均值 50 这样一个目标。但是下面实时响应时间图，在 140 个左右并发用户数时，响应时间平均线已经超过了 1.5 秒，所以最后是达到了目标，但用户不满意，需要优化。

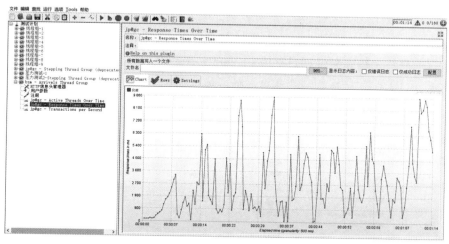

图3-4-6 面向目标场景-6

更多课后阅读请扫码获取。

扫一扫，直接在手机上打开

图3-4-7 面向目标场景-拓展阅读

## ◎ 3.5 混合场景

项目上线运行后每一刻的在线用户数以及每个用户使用的功能或场景都有差别，性能测试如何才能模拟出这样一种真实场景呢？这就用到混合场景。性能测试中的混合场景是通过模拟不同数量的人在同一时间向不同的服务器接口发起请求来实现的。

JMeter 要模拟不同数量的人进行混合场景测试，就必须使用多个线程组并在每个线程组中放置不同的接口，但是不同的接口之间可能存在"关联"，这里会出现线程组参数无法共用的问题，用"用户定义变量"元件可以解决参数跨线程组引用但参数不能动态变化，用"用户参数"元件可以实现参数的动态变化但不能跨线程组被引用，因此这里要用到 JMeter 属性，它可以实现让不同的参数被不同的线程组共用。

JMeter 的属性分为静态属性和动态属性两大类。静态属性又分为系统属性和写在 properties 文件中的属性。动态属性是在 JMeter 运行过程中通过 setProperty 函数设置的属性，静态属性通过 P 或 property 函数获取属性。

可以通过右键测试计划→非测试元件→属性显示查看 JMeter 属性，如下图。

图3-5-1　混合场景-1

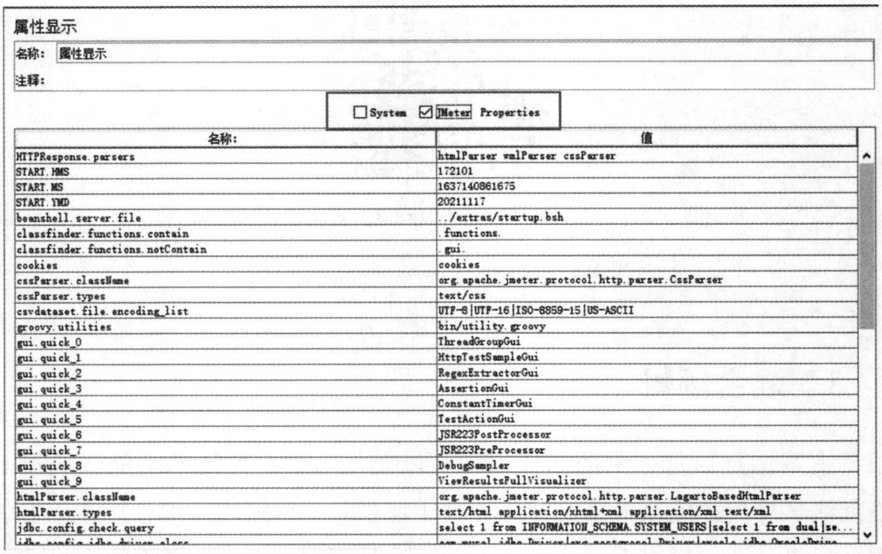

图3-5-2　混合场景-2

动态属性是在 JMeter 运行过程中，通过 setProperty 设置属性函数定义的属性。在运行过程中可以动态定义属性和属性值。然后通过 P 函数或 propery 函数获取属性，就可以实现在 JMeter 参数值跨线程组被引用。

### 3.5.1 设置动态属性

在 JMeter 的函数助手中找到 setProperty 函数，如下图。

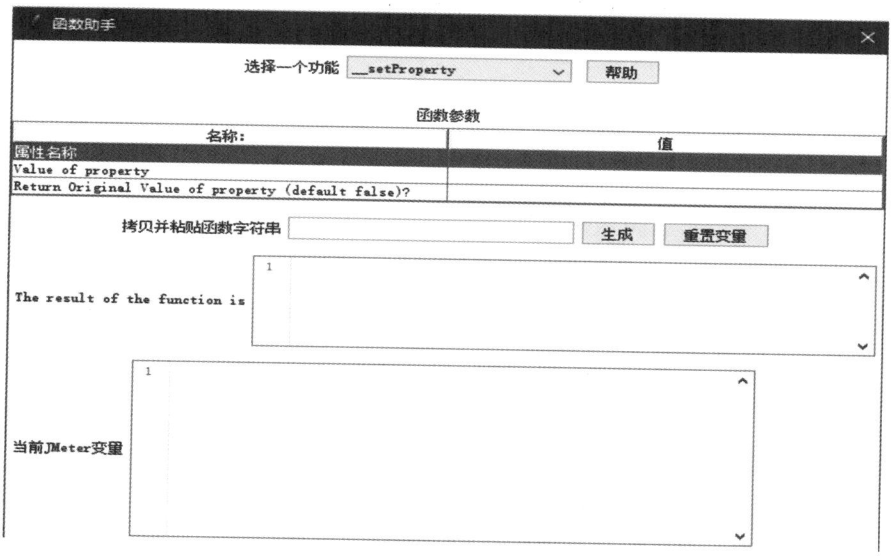

图 3-5-3 混合场景-3

在"属性名称"中自定义一个属性名字，在"Value of property"中填写属性的值，或填入引用变量或填入用 V 函数引入的动态变量名。如下图。

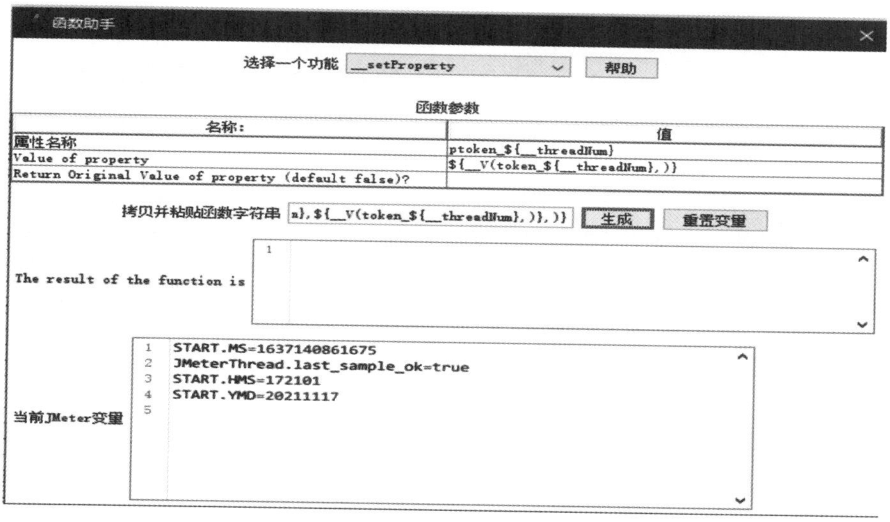

图 3-5-4 混合场景-4

点击"生成"按钮，这个动态属性就设置成功了，在"属性显示→ JMeter Properties"就能看到刚刚新生成的属性了。

动态属性值的调用方法有如下三种。

· 把这个函数放在调试取样器的名称中，因为调试取样器也是取样器，它像取样器一样被执行，但是不会向服务器发起请求。

· 在取样器上，右键添加后置处理器，选择"调试后置处理程序"，也把函数放在名称中可以实现调用。

· 在取样器上，右键添加后置处理器，选择"JSR223 后置处理程序"或"Beanshell 后置处理程序"，然后把函数放在 Script 区域也可以完成调用。

这样在一个线程组中设置了动态属性和属性值，使用时在另外的线程组中，使用 P 函数或 property 函数获取属性值，就可以实现跨线程组引用参数了。

### 3.5.2 使用动态属性跨线程组

假设由不同数量的人分别同时请求注册和登录两个接口，进行混合场景测试。在第 1 个线程组中写注册接口，第二个线程组中写登录接口，分别设置不同数量的线程数。

第 1 步：因为注册用的账户不能相同，所以在线程组 1 中，使用"用户参数"定义一个变量，变量的值由随机函数生成。这样每次调用注册接口的账户都不相同。

第 2 步：在线程组 1 的注册接口下添加 json 后置处理器，提取注册成功的手机号，用一个变量接收。注意：json 提取器或正则提取器中定义的变量都是参数。

第 3 步：在线程组 1 中，添加"调试取样器"，名称中填写 setProperty 设置属性函数，引用 json 提取器中的变量名，赋值给一个自定义的属性名称，如下图。

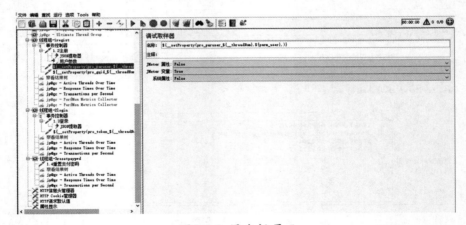

图3-5-5 混合场景-5

第 4 步：在线程组 2 中，登录接口的账号值中使用 P 或 property 函数获取自定义的属性值。

这样一个使用多个线程组间接口有关联的混合场景就设计出来了。

## ◎ 3.6 波浪形场景

项目运行中还会遇到一些具有一定时间规律的场景，比如点餐系统、OA 系统中的打卡签到功能，这些都是比较典型的具有时间规律的场景，如何来模拟这种具有时间规律的性能场景呢？可以用"jp@gc-Ultimate Thread Group"线程组来实现，如下图：

图3-6-1 波浪形场景-1

在 Threads schedule 中设置场景，场景中各个字段说明如下：

• Start threads count：启动线程数；

• Initial delay seconds：初始化时间，单位秒；

• Startup time seconds：启动时间，单位秒；

• Hold load For, seconds：持续运行时长，单位秒；

• Shutdown Time：停止，时长。

点击【Add Row】按钮会添加一行数据，默认为100。

再次点击 Add Row 或者 copy row，又会增加一行数据，但是因为初始化时间相同，所以两条线重叠，只会看到一条线。这时需要修改下一行的初始化时间为大于等于上一行所有时间之和，这样就出现了如下图中的一个波浪接一个波浪的图形。

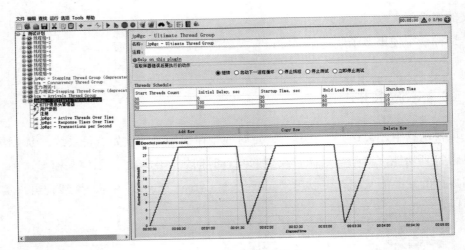

图3-6-2 波浪形场景-2

场景设计好了，接下来添加取样器编写接口和添加鉴定器来监听运行数据，活跃线程数据图，如下。

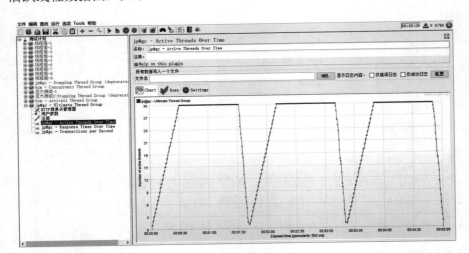

图3-6-3 波浪形场景-3

随着时间变化的响应时间图，如下。

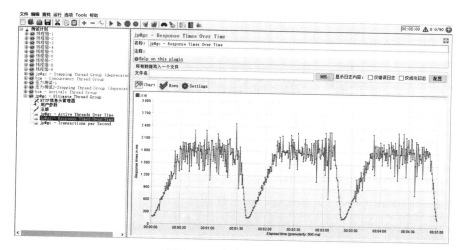

图3-6-4 波浪形场景-4

TPS 图，如下。

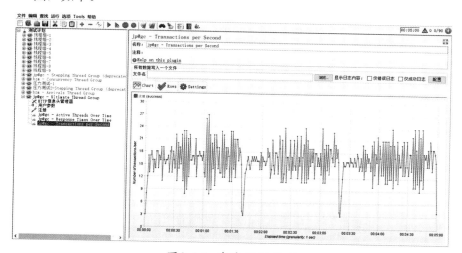

图3-6-5 波浪形场景-5

这样一个模拟有时间规律的波浪形场景就设计并运行出来了。

# 第 4 章 性能测试的监控

性能测试有一个非常重要的环节就是性能监控，性能监控是对性能测试执行过程进行数据收集，主要监控被测服务器的软硬件资源利用情况并取性能相关指标，本章节主要带大家学习一些常用的性能测试监控器。

## ◎ 4.1 ServerAgent 监控器

ServerAgent 是一个非常容易上手的服务器硬件资源监控软件，这个软件在 windows 和 Linux 系统都可以使用，也可以集成到 JMeter 工具中，使用"jp@gc-PerfMon Metrics Collector"监听器，可以实时观察被测服务器软硬件资源使用情况。

### 4.1.1 ServerAgent的安装

1. 下载 ServerAgent-X.X.X.zip 包，上传到被测服务器。

2. 如果被测服务器是 windows 系统则直接解压包，在解压的文件夹中直接双击 startagent.bat 文件；如果是 Linux 系统则使用 unzip 命令解压包，使用 ./startAgent.sh 启动，如下图。

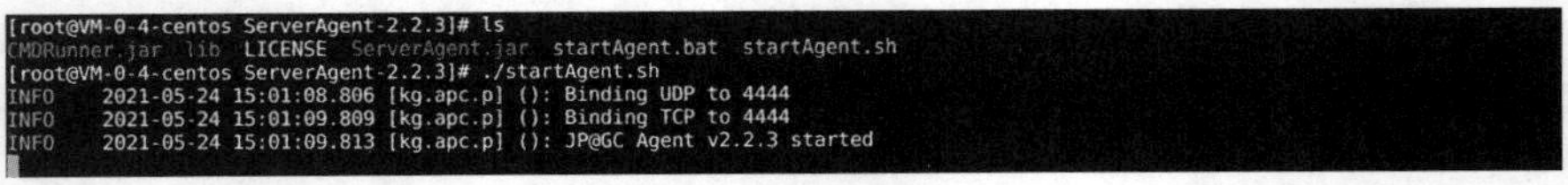

图4-1-1 ServerAgent-1

3. ServerAgent 的默认端口是 4444，若服务器是物理机或虚拟机，这个端口可以正常使用，但服务器是云服务器那可能需要在启动时改变端口，因为有些云服务器不允许对外开放这个端口。我们可以使用如下两种方法启动服务并改变端口。

-098-

```
java-jar CMDRunner.jar --tool PerfMonAgent --udp-port 0 --tcp-port自
定义端口
# 或
./startAgent.sh --udp-port 0 --tcp-port 自定义端口
```

操作结果如下图。

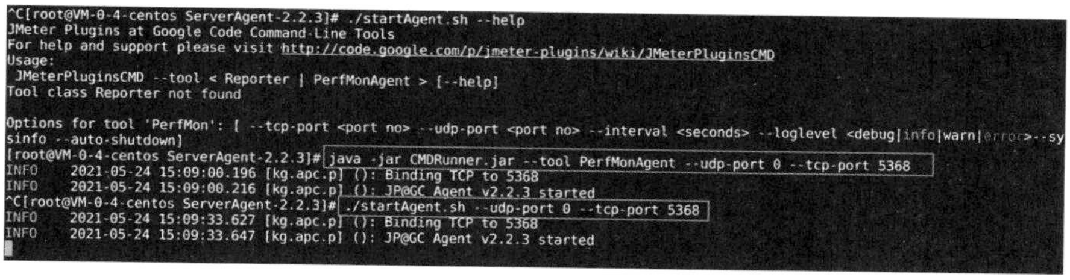

图4-1-2 ServerAgent-2

上述命令参数解析。

--udp-port 0 udp 端口设置为 0，意思是关闭 udp 数据传输方式。

--tcp-port 自定义端口自定义一个 TCP 数据传输方式的端口。

4. 想要获取帮助去学习使用 ServerAgent，使用 --help 命令，如下图。

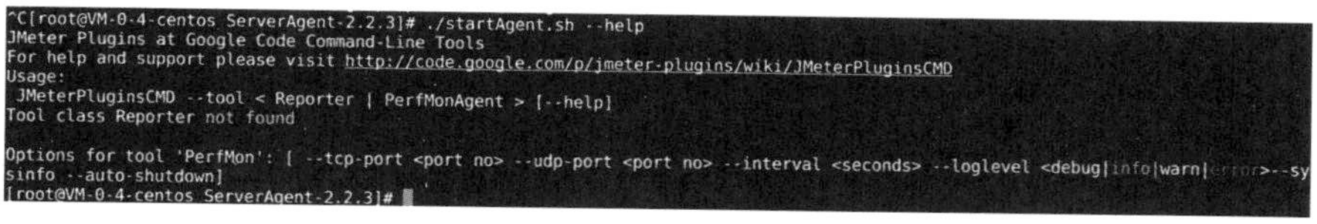

图4-1-3 ServerAgent-3

## 4.1.2 JMeter与ServerAgent监控集成

1. 在 JMeter 中添加监听器 "jp@gc - PerfMon Metrics Collector"，如下图。

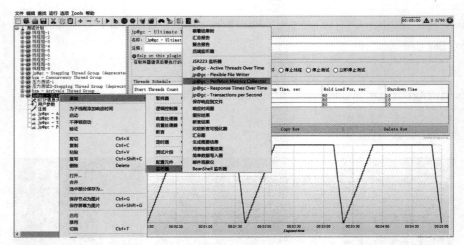

图4-1-4 ServerAgent-perfmon-1

2. 添加完毕后的监听器"jp@gc-PerfMon Metrics Collector"界面如下所示。

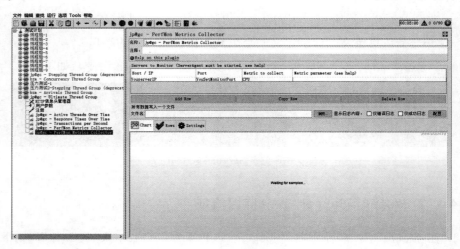

图4-1-5 ServerAgent-perfmon-2

3. 点击"Add row",填写好对应的参数,如下表所示。

表4-4-1 jp@gc-PerfMon Metrics Collector配置表

| Host/IP | 被监控的服务器 IP |
|---|---|
| Port | 监控用的 TCP 端口 |
| Metric to collect | 选择要监控的硬件资源 |
| Metric parameter | 可选项,鼠标点击后会出现一个弹窗,可以选择一些配置 |

　　4. 信息填写完毕后，开启运行场景，则监控器会去监控被测服务器对应的资源，如下图显示监控的分别是 CPU 资源和内存资源。

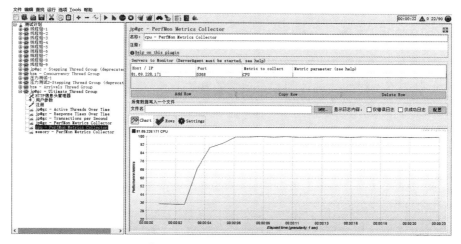

图 4-1-6 ServerAgent-perfmon-3

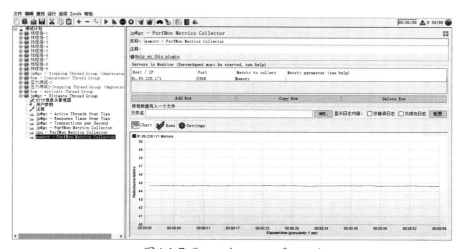

图 4-1-7 ServerAgent-perfmon-4

> 　　注意：硬件资源监控项目很多，建议大家每个资源都单独使用一个监控器，因为每一种监控项的单位不一样，放在一个监听器中将导致监听结果无法解读或分析。

## ◎ 4.2 nmon 监控器

　　nmon(Nigel's performance Monitor for Linux) 是一个非常有名的服务器资源监控工具，它本身资源消耗非常少，监控的数据种类又比较齐全且非常容易使用，

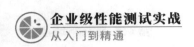

所以很多人都喜欢用它去进行服务器硬件资源监控。同时从名称中也能看出，它只支持监控 Linux 服务器的资源。

### 4.2.1nmon的安装

1. 在安装 nmon 之前需要先确认一下服务器的发行版本，不同的服务器发行版本它的命令是不一样的。进入到 Linux 服务器的 /etc 路径下，查看是否存在包含有"release"关键字的文件，然后 cat 查看文件。

```
# 如centos版本下运行命令
cat /etc/readhat-release
```

执行命令结果如下图。

图4-2-1 nmon-1

从这个信息，确定当前的系统为版本 centos7。

> 提示：若是其他系统，可以"cat /etc/os-release"。

2. 在 nmon 官方网站（nmon for Linux | Main / HomePage (sourceforge. net)）去下载包含有 centos7 监控命令的包，如下图。

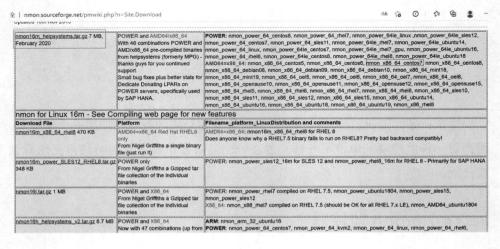

图4-2-2 nmon-2

3. 下载完成后，上传到被监控的服务器上，然后解压完成安装，如下图。

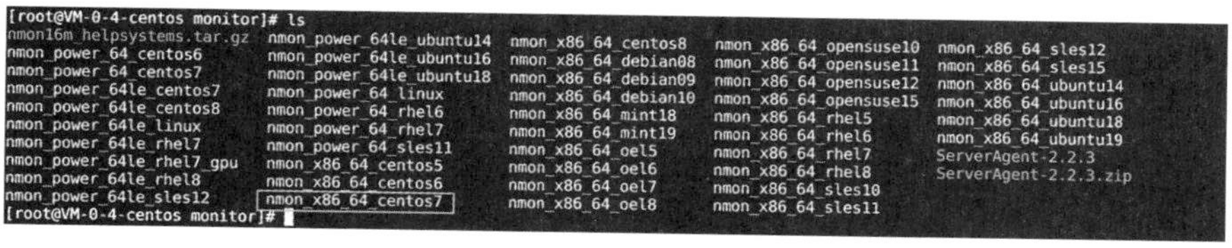

图4-2-3 nmon-3

## 4.2.2 nmon监控的使用

nmon 有三种运行模式，分别是屏幕交互模式，数据收集模式和计划执行模式。

1. 屏幕交互模式：直接执行 "./nmon_x86_64_centos7"，就会进入屏幕交互模式，如下图。

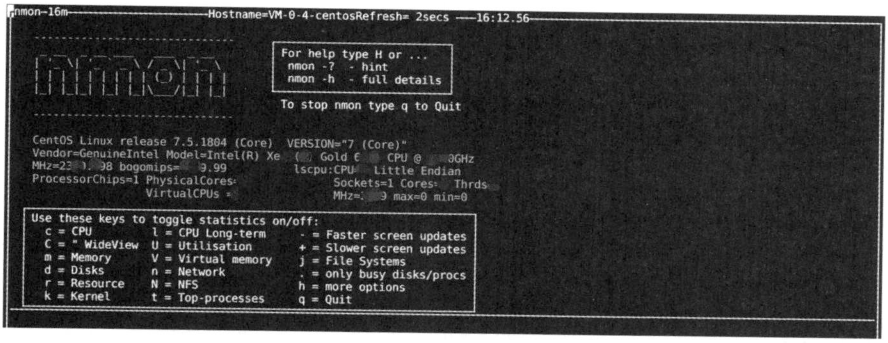

图4-2-4 nmon-4

屏幕顶部显示了主机名称以及间隔两秒钟获取一次数据，最底部显示快捷键，使用这些快捷键可以打开对应监控对象。输入 h 可以打开更多帮助信息，如下图。

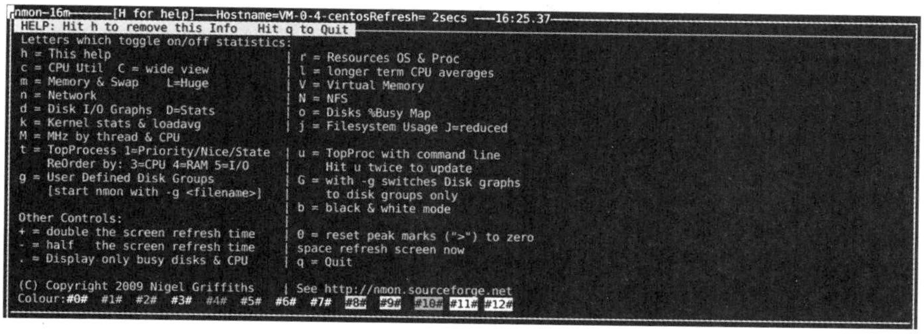

图4-2-5 nmon-5

nmon 更多屏幕交互快捷键作用详解可以参考下表

表4-2-3　nmon屏幕交换模式快捷键解析

| 参数 | 用法 |
|---|---|
| c | 带条形图的 CPU 利用率统计信息（CPU 核心线程） |
| m | 内存和交换统计 |
| d | 磁盘 I/O 繁忙百分比 & 每秒读 \ 写数据量 KB/s 图 |
| r | 资源：机器类型，名称，缓存详细信息和操作系统版本以及"Distro+LPAR" |
| t | top 进程，1 基础、3 性能、4 大小、5 I/O 仅 root 用户可用 |
| n | 网络统计信息和错误（如果没有错误，则消失） |
| j | 文件系统，包括日记文件系统 |
| k | 内核统计信息运行队列，上下文切换，派生，平均负载和正常运行时间 |
| U | CPU 使用率统计信息 user, user_nice, system, idle, iowait, irq, softirq, steal, guest, guest_nice |
| u | 进程详细信息 |
| q | 退出 |

输入：cmdtnU，如下图。

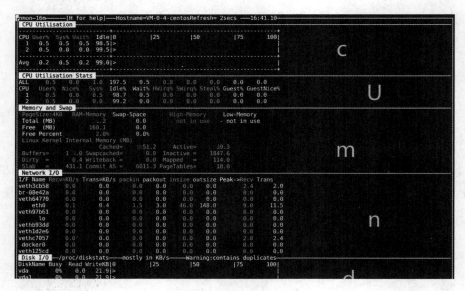

图4-2-6 nmon-6

按下 q，退出屏幕交互模式。这种模式可以在屏幕上实时观察资源使用情况，对性能测试过程进行调整，但是这种监控方式无法保存实时数据用于后续分析。

2. 数据收集模式：直接执行 "./nmon_x86_64_centos7 -f"，使用 -f 参数就开启了数据收集模式，后面不跟其他参数则使用默认配置运行。默认情况是每间隔

300 秒收集一次数据，总共收集 288 次（即 24 小时），把收集的数据标准输入到 "_YYYYMMDD_HHMM. nmon" 文件中，如下图。

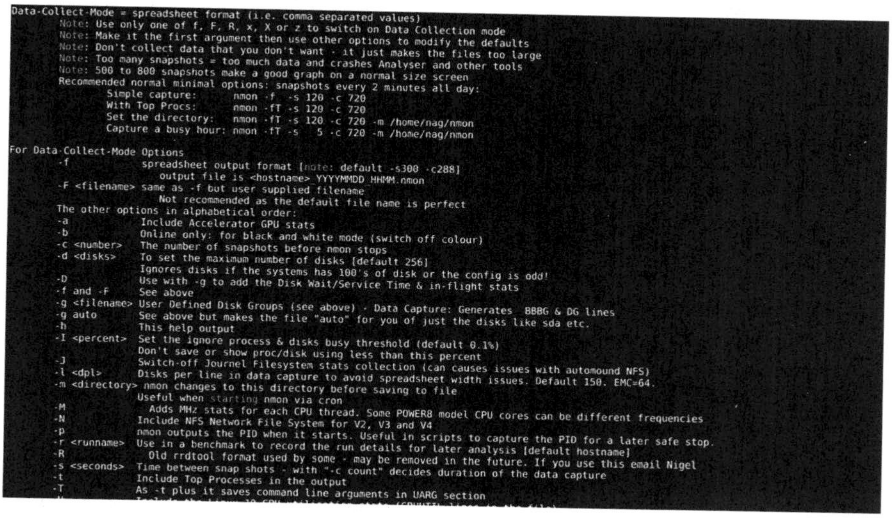

图4-2-7 nmon-7

nmon 更多数据收集模式快捷键作用详解可以参考下表。

表4-2-4 nmon数据收集模式参数解析

| 参数 | 用法 |
|---|---|
| -f | 标准输出到表格文件，默认 -s300 -c288 ，为 24 小时，输出文件格式为：hostname_YMD_HHMM. nmon |
| -F | 类似 -f，但是支持指定输出文件的名称 |
| -a | GPU 加速，统计信息 |
| -b | 切换黑白 和彩色模式 |
| -c | 总执行次数 |
| -d | 最大的磁盘数，默认是 256 |
| -D | 与 -g 一起使用以添加磁盘等待 / 服务时间和运行中状态 |
| -g | 用户定义的磁盘组获取数据：生成 BBBG 和 DG 行 |
| -I | 设置忽略进程和磁盘繁忙阈值（默认为 0.1%），不要使用小于此百分比的百分比保存或显示 proc / 磁盘 |
| -J | 关闭日志文件系统统计信息收集（可能导致自动挂载 NFS 出现问题） |
| -l | 数据捕获中的每行磁盘数可避免电子表格宽度问题。 默认值为 150。EMC= 64。 |
| -m | 把输出文件保存到指定文件夹，通过 cron 启动 nmon 时有用 |
| -M | 为每个 CPU 线程添加 MHz 统计信息。 某些 POWER8 型号 CPU 内核的频率可能不同 |
| -N | 包括适用于 V2, V3 和 V4 的 NFS 网络文件系统 |
| -p | nmon 启动时将输出 PID。 在脚本中很有用，可捕获 PID 以便后期安全停止 |
| -r | 在基准测试中用于记录运行详细信息，以供后期分析 [默认主机名] |
| -t | 在输出中包括 top 流程 |
| -T | -t 增强，它将命令行参数保存在 UARG 部分中 |
| -U | 包括 Linux 10 CPU 使用率统计信息（文件中的 CPUUTIL 行） |

这么多参数并不需要所有都记住，只需要记住几个重点的参数：-f -s -c -m -p，常用案例：

• ./nmon_x86_64_centos7 -f　　　#命令将后台持续运监控 24 小时，将结果标准输出到文件；

• ./nmon_x86_64_centos7 -f -s3 -c10 #每隔 3 秒收集一次，收集 10 次，将结果标准输出；

• ./nmon_x86_64_centos7 -f -s3 -c10 -m /tmp/nmon　# 每隔 3 秒收集一次，收集 10 次，将结果标准输出到指定路径。注意文件夹要已经存在，否则会报错。

3. 按计划执行模式：在命令后面跟上 -x 或 -X 或 -z 就可以实现安计划执行模式，如下图。

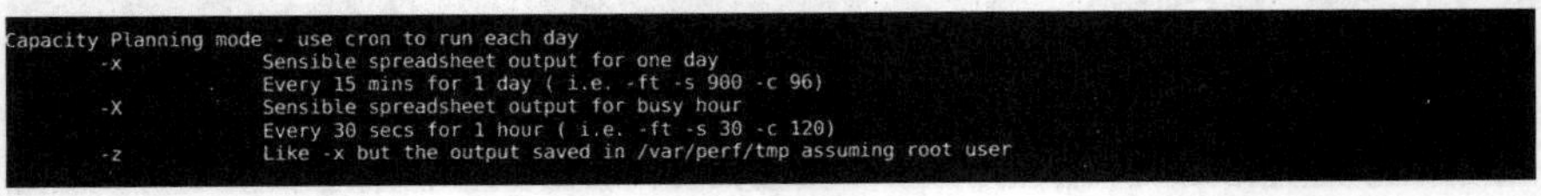

```
Capacity Planning mode - use cron to run each day
    -x          Sensible spreadsheet output for one day
                Every 15 mins for 1 day ( i.e. -ft -s 900 -c 96)
    -X          Sensible spreadsheet output for busy hour
                Every 30 secs for 1 hour ( i.e. -ft -s 30 -c 120)
    -z          Like -x but the output saved in /var/perf/tmp assuming root user
```

图4-2-8 nmon-8

nmon 计划执行模式快捷键作用详解可以参考下表。

表4-2-5　　nmon计划执行收集模式参数解析

| 参数 | 用法 |
|---|---|
| -x | 每隔 900 秒获取一次数据，共获取 96 次，也就是 24 小时，24 小时后该任务结束。最终结果也被输出到一个标准 nmon 文件中 |
| -X | 每隔 30 秒钟获取一次数据，总共获取 120 次，也就是 1 小时，1 小时后任务结束，把结果输出到一个标准的 nmon 文件中 |
| -z | 用 root 账户运行，收集 1 天数据，输出到 /var/perf/tmp 文件夹 |

在项目性能测试过程中，经常使用的是"数据收集模式"。

### 4.2.3 JMeter与nmon监控集成

使用 JMeter 进行性能测试，同时在被测试服务器上执行 nmon 数据收集模式命令，如："./nmon_x86_64_centos7 -f -s3 -c30"间隔 3 秒收集一次数据，共收集 30 次，把结果写入到"xxx.nmon"文件中，再把文件下载到本地用于性能结果分析，nmon 文件的分析需要从官网上下载 nmon analysis 文件，如下图。

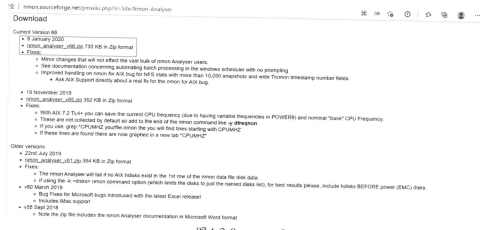

图4-2-9 nmon-9

这个文件要启用宏才能使用，WPS 默认不支持宏，所以要用 MicrosoftOffice 去打开，解压 zip 文件后，使用 Microsoft Office 去打开 nmon analyser v66. xlsm 文件并启用宏，如下图。

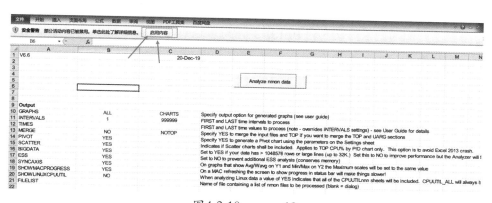

图4-2-10 nmon-10

点击【Analyze nmon data】按钮并选择 nmon 文件，它会自动生成一个分析结果的 Excel 文件，这个文件即是对数据分析后的图表文件。SeverAgent 和 nmon 都能监控服务器硬件资源，但 nmon 监控的更加全面，而 ServerAgent 可以支持 windows，所以使用时根据自己需求去选择数据分析的模式。

更多课后阅读请扫码获取。

扫一扫，直接在手机上打开

图4-2-11 nmon-拓展阅读

扫一扫，直接在手机上打开

图4-2-12 nmon-拓展阅读

# ◎ 4.3 Grafana+influxdb+JMeter 可视化监控平台

本节将学习如何使用"JMeter+InfluxDB+Grafana"打造可视化实时监控平台，Influxdb 是一种时序数据库，用来存放监控数据；搭建好 Influxdb 后我们需要在 Jmeter 中连接 Influxdb，将 Jmeter 执行结果数据储存到 Influxdb；Grafana 是一个跨平台的开源的度量分析和可视化工具，可以通过将采集的数据进行可视化的展示。我们利用 Grafana 连接 Influxdb 数据库，将 Jmeter 执行结果分析成美观的视图页面，可以实现 Jmeter 性能测试的可视化监控。

### 4.3.1 Grafana安装

1. 从官网上下载Grafana的rpm安装包，上传到非被测服务器上，然后使用"rpm -ivh grafana-***.rpm"命令进行安装。

```
rpm -ivh grafana-x.x.x.rpm    # 安装 grafana，x 号表示对应版本号
```

2. 安装完成后执行"systemctl restart grafana-server"即可启动服务。

3. 服务启动后可以用浏览器访问 http://IP地址:3000 ，账号密码均为"admin"，登录 Grafana 的 Web 管理台，如下图。

图 4-3-1　Grafana+Influxdb-Grafana-1

### 4.3.2 Influxdb 安装

1. 从官网下载 Influxdb 的 1.x 版本 rpm, 下载之后上传到非被测服务器上然后使用 "rpm -ivh influxdb-1.x.x.rpm" 安装, 安装完成后执行 Influxd 启动服务。

```
# 安装
rpm -ivh influxdb-1.x.x.rpm
# 启动服务
influxd
```

如下图。

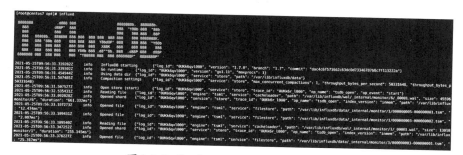

图 4-3-2　Grafana+Influxdb-Influxdb-2

2. Influxdb 数据库安装好后, 需要创建一个 "jmeter" 数据库, 同时再新开一个终端, 连接到 Influxdb 服务器后, 执行 "influx" 进入数据库。

3. 执行 "create database jmeter" 创建一个名为 "jmeter" 的数据库 (此处

创建的数据库的名称必须为 jmeter）；执行"use jmeter"进入 jmeter 库；执行"show measurements"查看库中所有表，如下图。

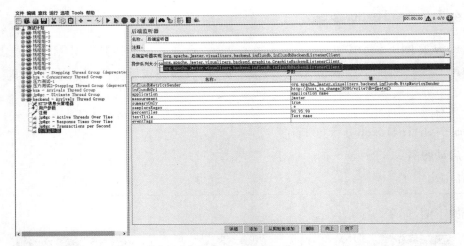

图 4-3-3  Grafana+Influxdb-Influxdb-3

### 4.3.3 Grafana+Influxdb+JMeter集成

1. 打开 JMeter，在线程组下面添加后端监听器，如下图。

图 4-3-4  Grafana+Influxdb-Influxdb-4

2. 在"后端监听器实现"中选择带有"Influxdb"字样的选项，第 2 行 "influxdbUrl"参数对应的值中有个"host_to_change"填写你的 InfluxDB 数据库 IP 地址。在这个地址的最后面有一个"db=jmeter"，这个就是填写之前在 influxDB 创建的名为 Jmeter 的数据库。JMeter 与 Influxdb 的集成配置好了之后，执行性能测试时就会把性能测试数据写入 Influxdb 数据库中，接下来就去 Grafana 中配置前端展示模板。

3. 浏览器访问 http://grafana_ip:3000 输入账号密码 admin，进行登录。

4. 登录后，点击首页中的"Add your fist data source"添加数据源，如下图。

图4-3-5　Grafana+Influxdb-Grafana-5

5. 在跳转的页面中输入"influx"，选择添加 InfluxDB 数据源，如下图。

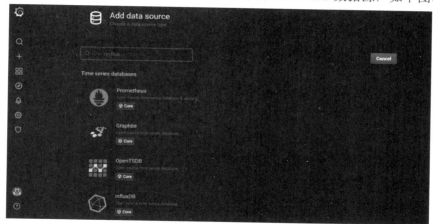

图4-3-6　Grafana+Influxdb-Grafana-6

6. 填写 influxdb 数据源的配置信息，如下图。

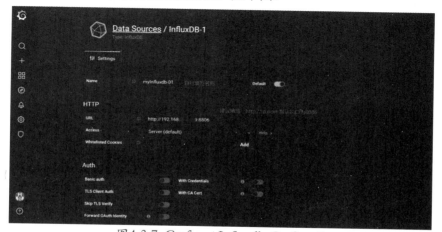

图4-3-7　Grafana+Influxdb-Grafana-7

向下滚动，填写数据库的名称为"jmeter"，然后点击"Save & Test"，如下图：

图4-3-8 Grafana+Influxdb-Grafana-8

如果没有创建"jmeter"这个库，就会出现如下图。

图4-3-9 Grafana+Influxdb-Grafana-9

7. 回到首页点击左侧快捷菜单图标"+"选择 Import 引入 5496 面板，如下图。

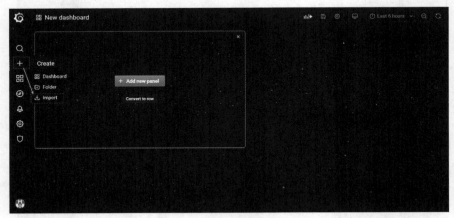

图4-3-10 grafana+influxdb-grafana-10

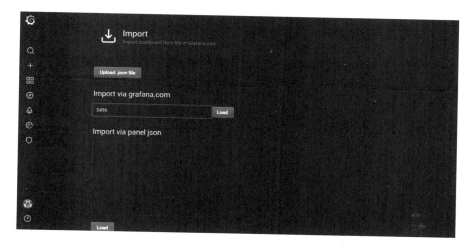

图4-3-11　Grafana+Influxdb-Grafana-11

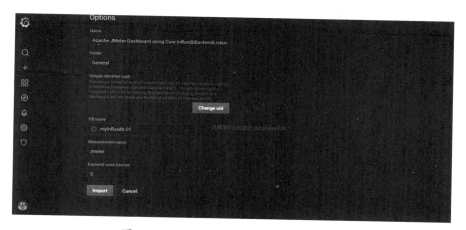

图4-3-12　Grafana+Influxdb-Grafana-12

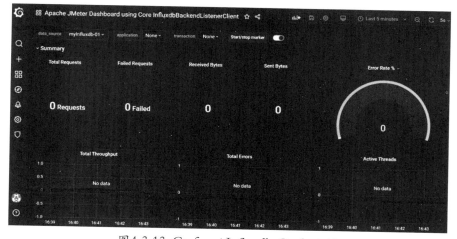

图4-3-13　Grafana+Influxdb-Grafana-13

JMeter 与 Influxdb 的集成配置好后，执行性能测试 Jmeter 就会把性能测试数据写入 Influxdb 数据库中，并且会在 Grafana 的前端展示。

---
提示：想要获取其他模板，可以访问 Grafana 官网
---

更多课后阅读请扫码获取。

扫一扫，直接在手机上打开

扫一扫，直接在手机上打开

图 4-3-14  Grafana+Influxdb-拓展阅读1        图 4-3-15  Grafana+Influxdb-拓展阅读2

## ◎ 4.4 Grafana+Prometheus+node_exporter 监控平台

Prometheus 是一个时序数据库，grafana+prometheus 构成的监控平台是现在企业中最流行的一套监控平台，再加上 node_exporter 可以监控服务器硬件资源使用情况。

### 4.4.1 Prometheus

Prometheus 是一套开源的监控 + 预警 + 时间序列数据库的组合，现在越来越多的公司开始采用 Prometheus，现在常见的 Kubernetes 容器管理系统，也会搭配 Prometheus 来进行监控。

Prometheus 本身不具备收集监控数据功能，需要使用 http 接口来获取不同的 export 收集的数据并存储到时序数据库中，node_exporter 就是一个收集 Linux 服务器硬件资源使用情况的收集器，两者组合就可以把 linux 服务器资源使用情况的数据存储到 Prometheus 数据库中，然后再配合 Grafana 的不同模板，就可以在 Web 界面中展示不同的监控效果。

Prometheus 安装有两种方式，具体安装方法和步骤如下。

1. 方法一：直接安装

```
#下载最新的包
wget https://github.com/prometheus/prometheus/releases/download/
v2.20.1/prometheus-2.20.1.linux-amd64.tar.gz

#解压包
tar -xzvf prometheus-2.20.1.linux-amd64.tar.gz
# 进入解压后的文件夹
cd prometheus-2.20.1.linux-amd64/haoduoqi

#启动服务
./prometheus
```

2. 方法二：docker 安装

```
# 拉取镜像，创建容器
docker run -itd --name 容器名称 -p 9090:9090 prom/prometheus

# 重启容器
docker restart 容器名
```

3. 启动服务后，可以通过浏览器访问 http://prometheus 的 ip:9090 访问。

## 4.4.2 node_exporter

node_exporter 是 prometheus 监控平台中收集 linux 服务器的硬件资源的收集，Prometheus 不具备数据收集功能，收集不同的资源需要在被监控的机器上安装不同的 exporter 收集器。node_exporter 可以直接通过命令进行安装，具体步骤如下。

```
# 下载node_exporter
wget https://github.com/prometheus/node_exporter/releases/download/
v1.0.1/node_exporter-1.0.1.linux-amd64.tar.gzm

# 解压
tar -xzvf node_exporter-1.0.1.linux-amd64.tar.gz

# 进入node_exporter文件夹
cd node_exporter-1.0.1.linux-amd64

# 启动服务
./node_exporter

# 注意，不要停止该服务
```

服务启动后，可以通过 http://node_exporter 的 ip:9100 访问该服务，如下图。

图4-4-1 grafana+prometheus+node_exporter-1

### 4.4.3 node_exporter+prometheus集成

修改 prometheus.yml 文件，添加 job_name 节点，配置被收集器 node_exporter 的信息，这样就实现 prometheus 存储收集器的数据。步骤如下。

```
# 进入prometheus解压的文件夹
vim prometheus.yml
#修改如下配置，重启prometheus后配置才生效
- job_name: 'node_exporter'
  static_configs:
  - targets: [' 被监控机器 ip:9100']
```

重启 prometheus，步骤如下。

```
# 先检查prometheus服务是否启动，如果是已经启动了，先把服务停止


# 在prometheus的文件夹中，启动prometheus服务，命令如下
nohup ./prometheus &
```

### 4.4.4 Grafana+Prometheus+node_exporter管理台配置

1. 启动 grafana 服务："systemctl restart grafana-server"
2. 用浏览器访问：http://grafana 的 ip:3000，输入账号密码 admin 登录。在首页点击 "Add your fist data source" 添加数据源，选择 prometheus，如下图。

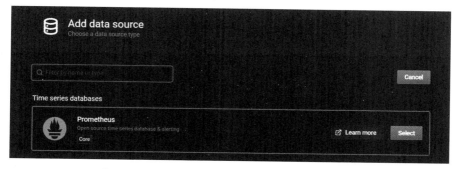

图4-4-2 Grafana+Prometheus+node_exporter-2

在跳转到页面中，自定义数据源的名称和 prometheus 的 HTTP 协议访问地址，如下图。

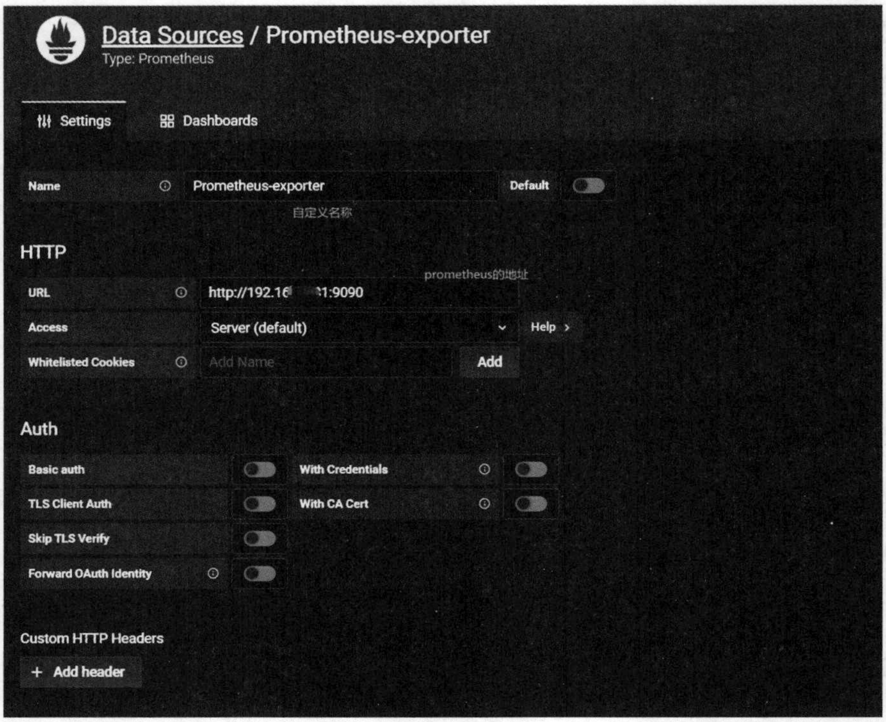

图4-4-3　Grafana+Prometheus+Node_exporter-3

点击页面底部的【save & test】。

3. 配置展示面板，输入面板 id：8919，如下图。

图4-4-4　Grafana+Prometheus+Node_exporter-4

点击 load 之后，就会出现下图。

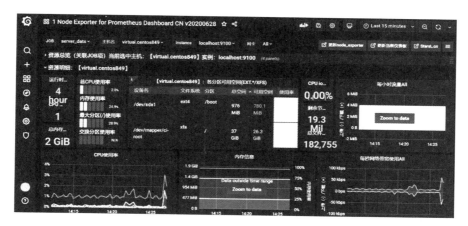

图4-4-5 Grafana+Prometheus+Node_exporter-5

经过上述步骤后，grafana+prometheus+node_exporter 监控的平台搭建完成了，可以对服务器硬件资源进行监控并看到实时动态的数据。

更多课后阅读请扫码获取。

扫一扫，直接在手机上打开

图4-4-6 Grafana+Prometheus+Node_exporter-拓展阅读

# ◎ 4.5 CLI 模式与分布式

## 4.5.1 CLI模式

在 JMeter 启动时，有一个黑色的窗口，如下图。

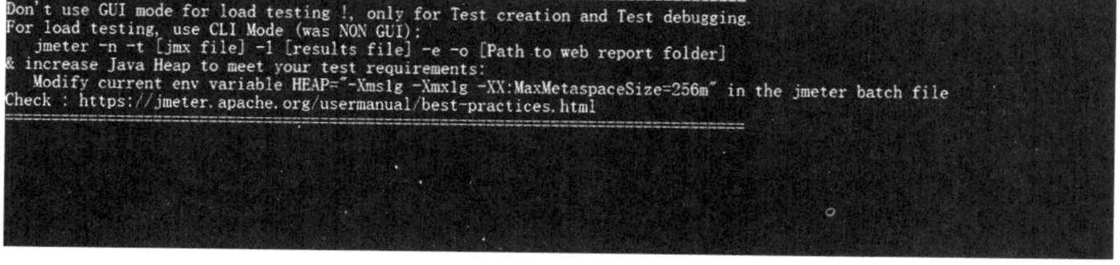

```
================================================================================
Don't use GUI mode for load testing !, only for Test creation and Test debugging.
For load testing, use CLI Mode (was NON GUI):
   jmeter -n -t [jmx file] -l [results file] -e -o [Path to web report folder]
& increase Java Heap to meet your test requirements:
   Modify current env variable HEAP="-Xms1g -Xmx1g -XX:MaxMetaspaceSize=256m" in the jmeter batch file
Check : https://jmeter.apache.org/usermanual/best-practices.html
```

图4-5-1 CLI模式与分布式-CLI-1

在这个窗口中，有一个提示：

```
Don't use GUI mode for load testing !, only for Test creation and
Test debugging.
For load testing, use CLI Mode (was NON GUI):
    jmeter -n -t [jmx file] -l [results file] -e -o [Path to web
report folder]
```

这句话的意思是："请不要使用图形界面模式进行性能测试，它仅用于创建测试和调试测试脚本。进行性能测试，请使用 CLI 模式（nonGUI 模式）"。启动图形界面，需要占用程序的内存资源。CLI 模式把更多的资源用于产生并发用户数和发起请求，因此 CLI 模式单位时间内对服务器造成的压力更大，性能测试结果更准确。

CLI 的命令如下所示。

```
jmeter -n -t [jmx file] -l [results file] -e -o [Path to web report
folder]
```

如果不知道如何使用，可以在 JMeter 的帮助文档中找到使用帮助，如下图。

### 1.4.4 CLI Mode (Command Line mode was called NON GUI mode)

For load testing, you must run JMeter in this mode (Without the GUI) to get the optimal results from it. To do so, use the following command options:

-n     This specifies JMeter is to run in cli mode

-t     [name of JMX file that contains the Test Plan].

-l     [name of JTL file to log sample results to].

-j     [name of JMeter run log file].

-r     Run the test in the servers specified by the JMeter property "remote_hosts"

-R     [list of remote servers] Run the test in the specified remote servers

-g     [path to CSV file] generate report dashboard only

-e     generate report dashboard after load test

-o     output folder where to generate the report dashboard after load test. Folder must not exist or be empty

The script also lets you specify the optional firewall/proxy server information:

-H     [proxy server hostname or ip address]

-P     [proxy server port]

图4-5-2 CLI模式与分布式-CLI-2

CLI 模式的命令参数的解析可以参照下表。

表4-5-1　CLI命令参数解析

| 参数 | 说明 |
|---|---|
| -n | non-gui-mode 无图形界面模式 |
| -t | testplan 待执行的测试计划 |
| -l | 输出结果报告文件路径文件名（.jtl.csv） |
| -g | 输出报告文件（.csv） |
| -o | 输出 html 报告（后跟空文件夹） |
| -e | 生成测试报表 |
| -r\R | 分布式指定机器 ip 分压运行（jmeter -n -t 脚本 .jmx -r -l report.jtl） |
| -j | 指定执行日志路径 |
| -H | 指定代理服务器域名 或 ip |
| -P | 指定代理服务器端口 |

【注意】

（1）如果没有配置环境变量，CLI 命令只能在 JMeter 的 bin 路径下才能执行；如果配置了环境变量，就可以在任何路径下执行。

（2）n 意思是启用无图形界面模式，CLI 命令中必须带有这个参数，否则启动图形界面。

（3）-t 后面跟 jmx 文件（就是用 JMeter 写的脚本文件），文件中至少启用 1 个设置了性能场景的线程组，所有的监听器元件均可禁用。

（4）-l 输出结果到 jtl 或 csv 文件中，这个文件必须不存在，如果存在则会报错。另外 jmeter.properties 属性配置文件中所有 jmeter.save.saveservice... 开头的配置信息都不要修改，如果被修改为其他，将无法生成 HTML 报告。

（5）-o 输出结果到一个空文件夹，这个文件夹不能事先存在或事先存在则一定为空，如果有内容则会报错并无法生成报告。

（6）在 JMeter 的 bin 文件夹中，有一个"report-template"文件夹，请不要移动或删除，这是生成 html 报告的模板，一旦变更将无法生成 HTML 报告。

（7）如果使用 CLI 模式，生成的 jtl 文件很大，可能会出现 OOM 问题，可以使用"java -Xms1g -Xmx1g -XX:MaxMetaspaceSize=256m -jar ApacheJMeter.jar "代替命令中的"jmeter"，可以根据需要修改命令中的堆栈信息。

【案例】

1. 执行脚本生成 html 报告。

```
jmeter -n -t test1.jmx -l result-001.jtl -e -o result-report-001
```

2. 执行脚本生成 jtl，但是不生成报告。

```
jmeter -n -t test1.jmx -l result-002.jtl
```

3. 把 jtl 文件转换生成 html 报告。

```
jmeter -g result-002.jtl -o result-report-002
```

CLI 命令生成的结果 HTML 报告，如下图。

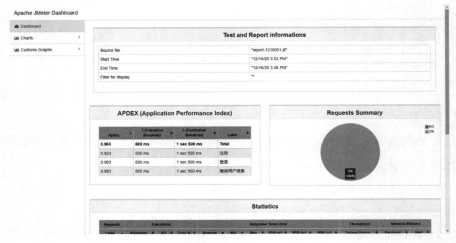

图4-5-3 CLI模式与分布式-html

HTML 报告是 JMeter 性能分析的重要依据，通过这个报告中的图表和数据可以初步判断性能测试结果是否符合预期，工作中也可以使用 HTML 的图表截图作为最终的汇总报告。

## 4.5.2 分布式性能测试

JMeter 做性能测试虽然没有限制并发用户数，但是运行的机器硬件资源是有限的，所以也不可能产生无限量的并发用户数，但当被测系统需要大几千甚至更高的并发用户数时，单台 JMeter 机器就无法产生这么多的并发用户数，这时就需要采用分布式：使用 1 台控制机来控制多台 JMeter 机器产生并发用户数，一起向被测服务器发起请求，然后控制机负责收集性能测试结果。

本节主要学习分布式如何对主控机和助攻机的设置，主要步骤如下。

### 一、前提条件

在进行分布式设置之前，要提前检查以下内容。

（1）主控机和所有助攻机都需要安装版本一致的 jdk。

（2）若 JMeter 的脚本中使用了 csv 文件，则主控机和所有助攻机都要有 csv 文件且都要能正常获取值。

（3）若 JMeter 的脚本使用了插件，则主控机和所有助攻机器都必须有对应的插件。

（4）主控机和助攻机之间的网络使用局域网且为有线网络，网络过于复杂或者不稳定，会对测试结果都会造成很大困扰。

（5）主控机和助攻机之间要确认网络端口能直接通信，而不是只能通过固定端口通信。

（6）主控机和助攻机的操作系统不做任何要求，可以是不同操作系统。

**二、助攻机配置**

（1）编辑并修改 jmeter.properties 文件中的下面的参数值。

server_port 端口，默认 1099，自定义 1024 ～ 65000 之间任意端口。

server.rmi.port 端口，定义与上面端口相同（可选）。

server.rmi.ssl.disable=true，设置为 true，意思是不使用加密认证。

（2）打包 JMeter，传给所有助攻机，再在所有助攻机上解压。

（3）输入如下指令让助攻机启动服务，此处默认都是 Windows 操作系统。

jmeter-server.bat -Djava.rmi.server.hostname= 机器 ip

**三、主控机配置**

（1）用 telnet 命令来检查主控机与助攻机之间的网络是否连通，命令格式如下："telnet 助攻机 ip 助攻机 server_port 端口"。

（2）编辑并修改 jmeter.properties 文件中助攻机的参数，如下：remote_hosts= 助攻机 ip: 端口，端口就是助攻机器 server_port 端口，配置多个助攻机时用英文逗号分隔。

server.rmi.ssl.disable=true，设置为 true，意思是不使用加密认证 mode=Standard 去掉前面的 '#' 注释符号，如果这一步没有做，在 JMeter 图形界面中，将看不到运行结果。

（3）重启 JMeter。

**四、分布式执行性能测试**

1. 运行 GUI 模式

（1）在主控机器上打开一个待执行的脚本，选择菜单中的 运行 > 远程启动，如下图。

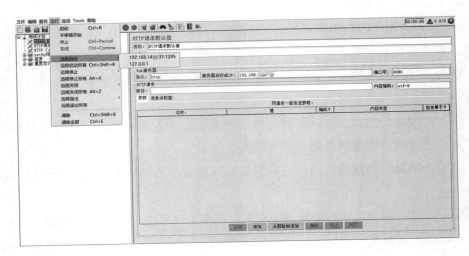

图4-5-4 CLI模式与分布式-分布式-1

（2）点击任何一个ip，就可以指定某一个助攻机执行当前主控机器打开的脚本。如果想要所有助攻机器都执行当前打开的JMeter脚本，可以选择"远程启动所有"。

2.CLI 模式

（1）指定某些助攻机执行脚本，可以用下面的命令：

jmeter.bat -n -R 助攻机 ip:server_port 端口，助攻机 ip:server_port 端口 -t test1.jmx -l result-003.jtl -e -o result-report-003

（2）如果想要所有助攻机都执行脚本，可以用下面的命令：

jmeter.bat -n -t test1.jmx -l result-003.jtl -e -o result-report-003

**五、注意事项：**

（1）助攻机可以不放 jmx 测试脚本，测试脚本只需要在主控机器上进行管理和维护就行。

（2）分布式中执行的并发用户数完全由主控机控制，总的并发用户数等于主控机 jmx 脚本场景中的线程数乘以助攻机器数量。

（3）分布式发起的请求比较大最好不要使用无线网络，无线网络很容易导致网络阻塞从而无法获取运行结果。

（4）分布式执行并发用户数比较大，生成的 jtl 文件也会比较大，所以主控机器的内存一定要设置好容量，可以在执行命令时指定 JMeter 堆栈大小。

（5）在执行分布式命令时，如遇到"Engine is busy - please try later:"这样的提示，说明当前助攻机器正繁忙，可以等待一下或去对应的助攻机上重启动助攻机 jmeter-server 服务。

更多课后阅读请扫码获取。

扫一扫，直接在手机上打开

图4-5-5 CLI模式与分布式-拓展阅读

## ◎ 4.6 性能测试持续集成

Jenkins 是现在企业中做持续集成的首选软件，性能测试持续集成也可以选用 Jenkins，比较流行的性能测试持续集成解决方案是 Jenkins+ant+jmx。ant 是一个可跨平台的代码编辑、测试、部署工具，它的核心文件是 build.xml 配置文件；jmx 是 JMeter 保存的脚本。

### 4.6.1 Ant安装与配置

（1）下载好 ant 的包并解压。

（2）配置 ANT_HOME 环境变量。

（3）拷贝 JMeter 的 extra 文件夹中 ant-jmeter.xxxx.jar 包，到 ant 的 lib 文件夹中。

（4）Ant 安装和配置完成。

### 4.6.2 Jenkins 安装与配置

（1）Jenkins 官方每周都会更新一个版本，如果你是 Window 电脑，你可以使用社区版的 msi 文件直接双击安装，也可以使用 Jenkins.war 包丢到 tomcat 中安装。

（2）在 Jenkins 的安装过程中需要"选择插件来安装"，搜索 ant 来安装 ant 插件，或在安装好了 Jenkins 之后，在 Jenkins 的系统管理→pluginManager 中去安装 ant 插件。

（3）安装好 ant 插件之后，登录 Jenkins，在系统管理→GlobalTool Configuration 中配置 ant 的信息，如下图。

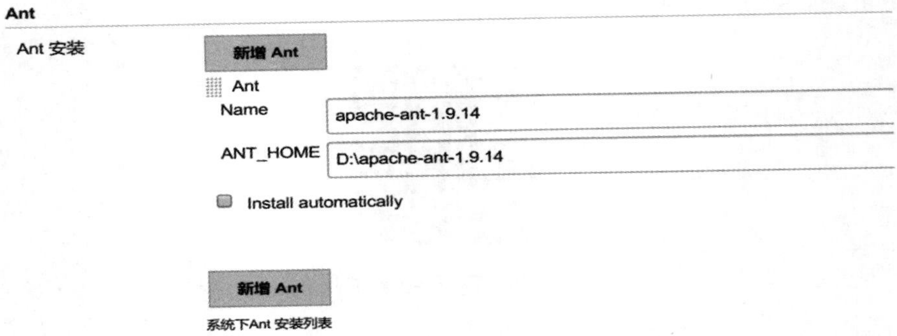

Ant

Ant 安装

新增 Ant

⠿ Ant
Name
apache-ant-1.9.14

ANT_HOME
D:\apache-ant-1.9.14

☐ Install automatically

新增 Ant

系统下Ant 安装列表

图4-6-1 性能测试持续集成-ant-1

（4）在 Jenkins 中添加 item，添加任务名称，选择 FreeStyle project，点击确定。

（5）在跳转的新页面中，选择"构建"→增加构建步骤→ Invoke Ant。在 AntVersion 中选择，在 GlobalTool Configuration 中配置的 ant 名称，然后点击"高级 ..."选择 JMeter 的 extras 文件夹中 build.xml 文件路径保存，如下图。

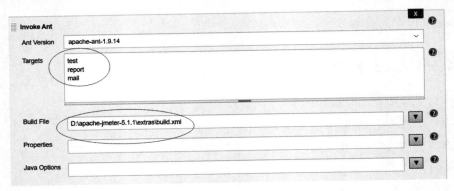

图4-6-2 性能测试持续集成-ant-2

此时 Jenkins 已经配置好了，现在只需要做好关键的 build.xml 文件配置就可以了。

### 4.6.3 build.xml配置

project 标签：ant 的根目录，每个 build 文件必须包括一个 project。

• name:project 的名称。

• default: 指定默认执行是的 target。

• basedir: 指定基路径。

target 节点

• target 为 ant 的基本执行单元，它可以包含一个或多个，多个之间可以存在相互依赖关系。

• name:target 节点名称

• depends: 依赖的父节点名称

• property：属性。

• name：属性名称。

• value: 属性值，引用的时候用 ${}。

如下图：

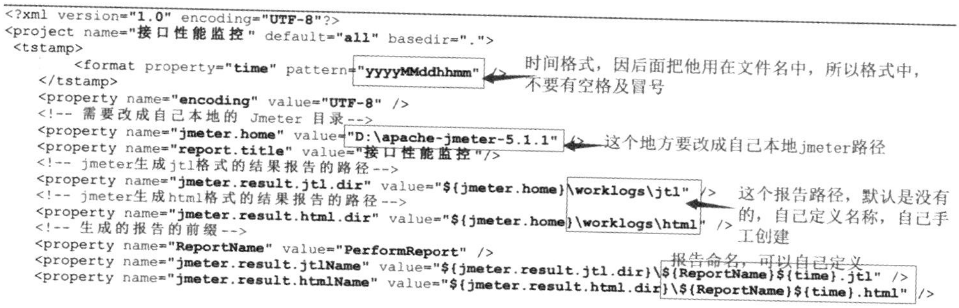

```
<?xml version="1.0" encoding="UTF-8"?>
<project name="接口性能监控" default="all" basedir=".">
 <tstamp>
        <format property="time" pattern="yyyyMMddhhmm"/>    时间格式，因后面把他用在文件名中，所以格式中，
 </tstamp>                                                  不要有空格及冒号
    <property name="encoding" value="UTF-8" />
    <!-- 需要改成自己本地的 Jmeter 目录-->
    <property name="jmeter.home" value="D:\apache-jmeter-5.1.1"/>   这个地方要改成自己本地jmeter路径
    <property name="report.title" value="接口性能监控"/>
    <!-- jmeter生成jtl格式的结果报告的路径-->
    <property name="jmeter.result.jtl.dir" value="${jmeter.home}\worklogs\jtl"/>   这个报告路径，默认是没有
    <!-- jmeter生成html格式的结果报告的路径-->                                        的，自己定义名称，自己手
    <property name="jmeter.result.html.dir" value="${jmeter.home}\worklogs\html"/>   工创建
    <!-- 生成的报告的前缀-->
    <property name="ReportName" value="PerformReport"/>                               报告命名，可以自己定义
    <property name="jmeter.result.jtlName" value="${jmeter.result.jtl.dir}\${ReportName}${time}.jtl"/>
    <property name="jmeter.result.htmlName" value="${jmeter.result.html.dir}\${ReportName}${time}.html"/>
```

图4-6-3 性能测试持续集成-ant-3

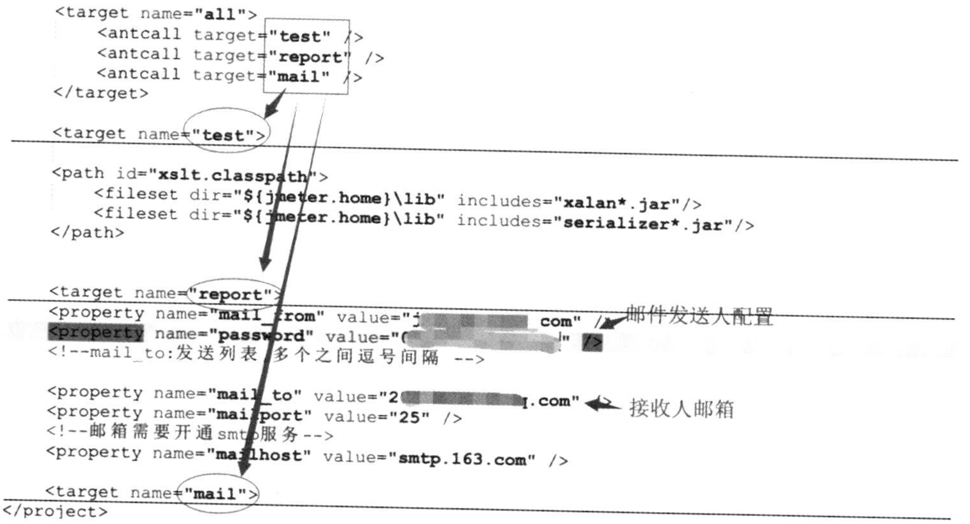

```
    <target name="all">
        <antcall target="test" />
        <antcall target="report" />
        <antcall target="mail" />
    </target>

    <target name="test">

    <path id="xslt.classpath">
        <fileset dir="${jmeter.home}\lib" includes="xalan*.jar"/>
        <fileset dir="${jmeter.home}\lib" includes="serializer*.jar"/>
    </path>

    <target name="report">
    <property name="mail_from" value="j        com"/>    邮件发送人配置
    <property name="password" value="(        )"/>
    <!--mail_to:发送列表 多个之间逗号间隔 -->

    <property name="mail_to" value="2        .com"/>    接收人邮箱
    <property name="mailport" value="25" />
    <!--邮箱需要开通smtp服务-->
    <property name="mailhost" value="smtp.163.com" />

    <target name="mail">
</project>
```

图4-6-4 性能测试持续集成-ant-4

```
<target name="test">
    <taskdef name="jmeter" classname="org.programmerplanet.ant.taskdefs.jmeter.JMeterTask" />
    <jmeter jmeterhome="${jmeter.home}" resultlog="${jmeter.result.jtlName}">
        <!-- 声明要运行的脚本"*.jmx"指包含此目录下的所有jmeter脚本 -->
        <testplans dir="${jmeter.home}\bin\jkscript" includes="*.jmx" />
                                                            这个路径，根据自己的实际位置更改
        <property name="jmeter.save.saveservice.output_format" value="xml"/>
    </jmeter>
</target>

<path id="xslt.classpath">
    <fileset dir="${jmeter.home}\lib" includes="xalan*.jar"/>
    <fileset dir="${jmeter.home}\lib" includes="serializer*.jar"/>
</path>
```

图4-6-5 性能测试持续集成-ant-5

```
<target name="report">
    <tstamp> <format property="report.datestamp" pattern="yyyy/MM/dd HH:mm" /></tstamp>
    <xslt
        classpathref="xslt.classpath"
        force="true"
        in="${jmeter.result.jtlName}"          报告模板，默认在这个路径下存在
        out="${jmeter.result.htmlName}"          这个模板，可以按自己要求更改模板
        style="${jmeter.home}\extras\jmeter-results-detail-report_21.xsl">

        <param name="showData" expression="${show-data}"/>

        <param name="dateReport" expression="${report.datestamp}"/>
        <param name="titleReport" expression="${report.title}:${report.datestamp}"/>

    </xslt>

        <!-- 因为上面生成报告的时候，不会将相关的图片也一起拷贝至目标目录，所以，需要手动拷贝 -->
    <copy todir="${jmeter.result.html.dir}">
        <fileset dir="${jmeter.home}\extras">
            <include name="collapse.png" />
            <include name="expand.png" />
        </fileset>
    </copy>
</target>
```

图4-6-6 性能测试持续集成-ant-6

注意事项如下。

（1）现在很多邮箱都是默认关闭 SMTP 服务的，需要去邮箱设置中手动开启，开启时会要求输入授权码，同时 SMTP 的端口也可能发生变化，在修改 build.xml 文件时，邮箱的密码就是授权码，端口也需要对应修改。

（2）如果邮件发送失败，可以把 activation-1.1.1.jar、commons-email.jar、javax.mail.jar 三个 jar 包放到 ant 的 lib 文件夹中。

（3）报告邮件模板可能不是很好看，如果想要用其他报告模板，可以自行网上去下载。

# 第 5 章 性能分析

## 服务器架构演进——阶段一

本书重点学习的是服务器性能分析与调优，那什么是服务器呢？

这些年随着技术的发展服务器发生了很大变化，但还是由计算机硬件加上操作系统，并在系统中部署服务项目，从而提供能力输出的一个综合体。服务器的性能提升过程就是不断优化、提升这三部分的综合能力。

早期企业开发出一个项目，会把所有的代码都写在一起，然后打成一个包部署到一台硬件计算能力比较强，操作系统相对稳定的机器上，如下图。

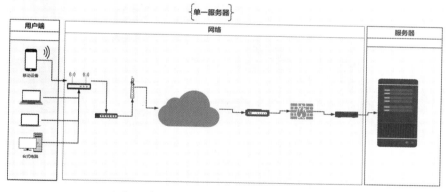

服务器架构演进(一)—服务器架构演进1

随着项目研发的不断推进，功能越来越多，旧有的部署方式对硬件要求很高且硬件成本比较高，所以就把性能提升的重点放在了项目优化上，逐渐开始把应用项目中数据库相关的能力拆分出来，让硬件资源更多用于应用项目的性能提升，如下图。

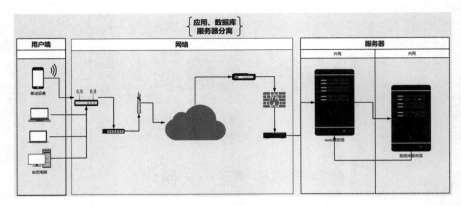

*服务器架构演进(一)—服务器架构演进2*

既然应用服务与数据库服务拆分可以带来性能提升，那应用项目中的一些文件相关服务也可以使用类似的方法拆分到其他机器上，如下图。

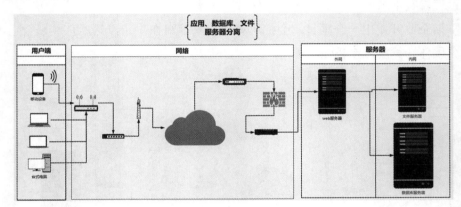

*服务器架构演进(一)—服务器架构演进3*

这样就逐渐演化成了早期最流行的服务器架构。

## ◎ 5.1 Linux 性能分析

### 5.1.1 Linux基础知识

Linux 系统是一个开源、免费的操作系统，其稳定性、安全性、多任务并发处理能力上表现都很优秀，所以，目前大多数企业级的服务器操作系统都选择 linux。

Linux 系统有图形界面系统和无图形界面系统两大类，图形界面系统，一般作为个人电脑系统使用，而无图形界面系统则主要用于服务器操作系统。目前国内的服务器操作系统中，用得最多是免费的无图形界面的 Centos 系统和 Ubuntu 系统。

在 Linux 系统中，一切都是文件。可以把 Linux 系统理解为一个文件管理系统。这个文件系统的根为“/”，在根目录下主要有 17 个文件夹，分别放置不同作用的文件。如下图。

```
[root@vircent7 ~]# tree -L 1 /
/
├── bin -> usr/bin
├── boot
├── dev
├── etc
├── home
├── lib -> usr/lib
├── lib64 -> usr/lib64
├── media
├── mnt
├── opt
├── proc
├── root
├── run
├── sbin -> usr/sbin
├── srv
├── sys
├── tmp
├── usr
└── var

19 directories, 0 files
```

图5-1-1 Linux知识-1

表5-1-1 Linux文件结构

| 目录 | 存储 |
| --- | --- |
| /boot | 系统启动目录，保存与系统启动相关的文件 |
| /bin（/usr/bin） | 存放系统中可用的命令 |
| /etc | 系统管理所需的所有配置文件，系统安装命令安装的软件配置文件也都在这个目录 |
| /usr | unix shared resources 的缩写，用户共享文件夹，类似 Windows 的 programfiles 文件夹 |
| /opt | optional 缩写，存放和安装第三方软件的目录，类似 Windows 中的非 c 盘 |
| /home | 普通用户的根目录 |
| /lib | 系统调用的函数库保存位置 |
| /sys | 系统文件，记录内核设备树 |
| /media | 自动识别的外设挂载目录 |
| /mnt | 给用户临时挂载外部文件系统 |
| /proc | process 进程的缩写，虚拟文件系统，存储当前内核运行状态的特殊文件，这个内容不在磁盘上而是内存，可以直接查看、修改系统信息 |
| /root | 超级权限者 root 的主目录 |
| /run | 临时文件，系统启动的信息 |
| /srv | 服务启动后，需要提取的数据 |
| /var | 不断扩充的东西，如日志 |
| /tmp | 临时文件 |
| /dev | device 缩写，Linux 的外部设备 |

Linux 系统对其系统中的所有文件和文件夹有严格的权限控制。如下图。

```
[root@vircent7 ~]# cd /etc/
[root@vircent7 etc]# pwd
/etc
[root@vircent7 etc]# ls -l
总用量 1052
-rw-r--r--.  1 root root     16 1月  19 14:07 adjtime
-rw-r--r--.  1 root root   1529 4月   1 2020 aliases
-rw-r--r--.  1 root root  12288 1月  19 14:09 aliases.db
drwxr-xr-x.  2 root root   4096 1月  19 14:27 alternatives
-rw-------.  1 root root    541 8月   9 2019 anacrontab
-rw-r--r--.  1 root root     55 8月   8 2019 asound.conf
drwxr-x---.  3 root root     43 1月  19 14:02 audisp
drwxr-x---.  3 root root     83 1月  19 14:09 audit
drwxr-xr-x.  2 root root     56 6月  19 14:03 bash_completion.d
-rw-r--r--.  1 root root   2853 4月   1 2020 bashrc
drwxr-xr-x.  2 root root      6 11月 17 2020 binfmt.d
```

图5-1-2  Linux知识-2

表5-1-2　文件夹权限列说明

| 列 | 意义 |
|---|---|
| 第1列：drwxr-xr-x | 分为多组，第1个为1组，2-3-4个为1组，5-6-7个为1组，8-9-10个为1组 |
| | 第1组，有7种值，- 表示一般文件，l符号链接，表示文件是一个链接符，d表示为目录文件，这3个比较常见；c表示字符设备文件，p表示命令管道，s表示套字节，b表示块设备特殊文件 |
| | 第2组（2-3-4），归属的用户User拥有的权限 |
| | 第3组（5-6-7），跟归属用户相同的组Group的用户拥有的权限 |
| | 第4组8-9-10)，其他Other用户拥有的权限 |
| 第2列：数字 | 文件的链接数 |
| 第3列：root | 归属的用户名 |
| 第4列：root | 归属的用户组名 |
| 第5列：数字 | 文件的大小，默认单位byte |
| 第6列 | 文件修改的月份 |
| 第7列 | 文件修改的日期 |
| 第8列 | 文件修改的时间 |
| 第9列 | 文件 \ 文件夹名 |

Linux 作为服务器是无图形界面的，操作这样一个没有界面的系统，都是使用命令行的方式。Linux 系统自带了很多命令，也可以安装更多命令。遇到不知道使用的命令时，可以使用"COMMAND --help"或"man COMMAND""info COMMAND"的方式查看命令帮助。

本书中没有特殊说明时，默认使用的是无图形界面的 centos 系统，这个系统中默认可以使用"yum"来安装、管理命令工具。遇到命令不知道如何使用，可以用"COMMAND --help"来获取帮助。

## 5.1.2 Linux系统常用性能分析命令介绍

1. top 命令：是最常用的性能分析工具，它能实时显示系统中各个进程的资源占用情况。

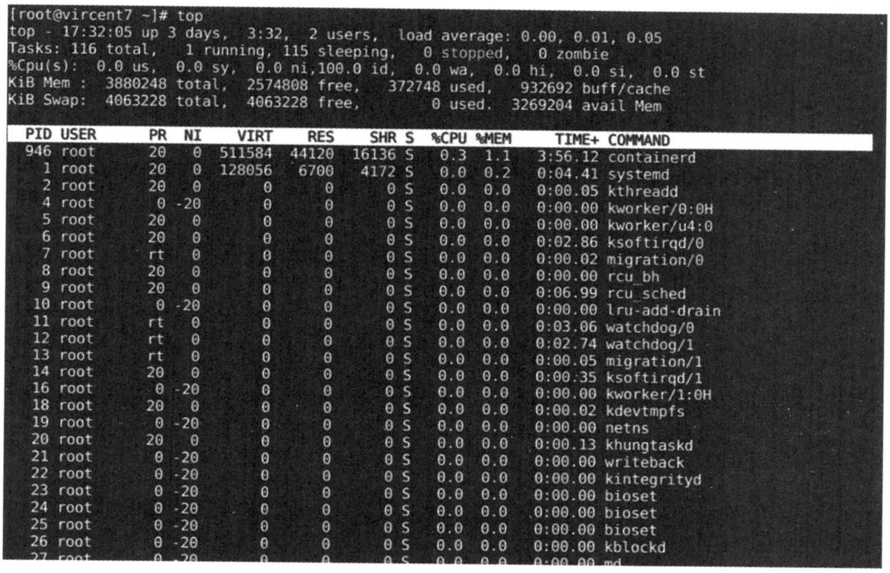

```
[root@vircent7 ~]# top
top - 17:32:05 up 3 days,  3:32,  2 users,  load average: 0.00, 0.01, 0.05
Tasks: 116 total,   1 running, 115 sleeping,   0 stopped,   0 zombie
%Cpu(s):  0.0 us,  0.0 sy,  0.0 ni,100.0 id,  0.0 wa,  0.0 hi,  0.0 si,  0.0 st
KiB Mem :  3880248 total,  2574808 free,   372748 used,   932692 buff/cache
KiB Swap:  4063228 total,  4063228 free,        0 used.  3269204 avail Mem

  PID USER      PR  NI    VIRT    RES    SHR S  %CPU %MEM     TIME+ COMMAND
  946 root      20   0  511584  44120  16136 S   0.3  1.1   3:56.12 containerd
    1 root      20   0  128056   6700   4172 S   0.0  0.2   0:04.41 systemd
    2 root      20   0       0      0      0 S   0.0  0.0   0:00.05 kthreadd
    4 root       0 -20       0      0      0 S   0.0  0.0   0:00.00 kworker/0:0H
    5 root      20   0       0      0      0 S   0.0  0.0   0:00.00 kworker/u4:0
    6 root      20   0       0      0      0 S   0.0  0.0   0:02.86 ksoftirqd/0
    7 root      rt   0       0      0      0 S   0.0  0.0   0:00.02 migration/0
    8 root      20   0       0      0      0 S   0.0  0.0   0:00.00 rcu_bh
    9 root      20   0       0      0      0 S   0.0  0.0   0:06.99 rcu_sched
   10 root       0 -20       0      0      0 S   0.0  0.0   0:00.00 lru-add-drain
   11 root      rt   0       0      0      0 S   0.0  0.0   0:03.06 watchdog/0
   12 root      rt   0       0      0      0 S   0.0  0.0   0:02.74 watchdog/1
   13 root      rt   0       0      0      0 S   0.0  0.0   0:00.05 migration/1
   14 root      20   0       0      0      0 S   0.0  0.0   0:00.35 ksoftirqd/1
   16 root       0 -20       0      0      0 S   0.0  0.0   0:00.00 kworker/1:0H
   18 root      20   0       0      0      0 S   0.0  0.0   0:00.02 kdevtmpfs
   19 root       0 -20       0      0      0 S   0.0  0.0   0:00.00 netns
   20 root      20   0       0      0      0 S   0.0  0.0   0:00.13 khungtaskd
   21 root       0 -20       0      0      0 S   0.0  0.0   0:00.00 writeback
   22 root       0 -20       0      0      0 S   0.0  0.0   0:00.00 kintegrityd
   23 root       0 -20       0      0      0 S   0.0  0.0   0:00.00 bioset
   24 root       0 -20       0      0      0 S   0.0  0.0   0:00.00 bioset
   25 root       0 -20       0      0      0 S   0.0  0.0   0:00.00 bioset
   26 root       0 -20       0      0      0 S   0.0  0.0   0:00.00 kblockd
```

图5-1-3 linux知识-top-1

第一行数据说明：

- top-18:01:37 表示当前系统时间；
- up 3 days 系统上一次启动距现在时长；
- 2 users 当前系统有被连接到终端数；
- load average:0.00 0.01 0.05 系统平均负载。第 1 个值代表系统过去 1 分钟的平均负载，第 2 个值代表系统过去 5 分钟的平均负载，第 3 个值代表系统过去 15 分钟的平均负载，通过这三个值可以直观地看出当前系统平均负载是否比较高。

系统负载的计算比较复杂，主要包括 CPU 负载和 IO 负载，不能简单地以 CPU 的数量作为系统负载高低的评判标准。一般而言如果系统负载的第 1 个数值，超过 CPU 数量的 80% 数值，就认为系统过去一分钟的负载比较高；如果第 1 个数值远大于第 2 个数值，说明系统负载正在升高，可能还会加大；如果第 1 个值小于第 2 个值，则认为系统负载正在逐步降低，系统在恢复正常。

第二行数据说明：

- 116 total　总共有 116 个进程；
- 1 running　正在运行的进程有 1 个；
- 115 sleeping　正在休眠的进程有 115 个；
- 0 stopped　已经停止的进程有 0 个；
- 0 zombie　僵尸进程有 0 个。

按大写 H 可以切换为线程和进程。这些数据与底下任务列表中 S 列状态保持一致，S 列中，R 表示正在运行，S 表示休眠，T 表示停止，Z 表示僵尸。

第三行数据说明：

- 显示当前系统所有 CPU 的使用总情况信息，按下数字 1 可以看到当前系统每个 CPU 的使用情况，如下图。

图5-1-4　Linux知识-top-2

表5-1-3　CPU使用总情况信息各列说明

| 项目 | 说明 |
| --- | --- |
| %CPU | 当前服务器有几核 CPU |
| us | 用户空间占用 CPU 百分比 |
| sy | 系统内核占用 CPU 百分比 |
| ni | 用户进程空间内改变优先级的进程占用 CPU 百分比 |
| id | 空闲 CPU 百分比 |
| wa | 等待输入输出的 CPU 时间百分比 |
| hi | 硬中断占用百分比 |
| si | 软中断占用百分比 |
| st | hypervisor 管理程序占用百分比 |

第四、第五行数据说明：都是现在内存相关信息，默认单位是 KB，可以按大写字母"E"，切换内存数据显示单位。

- total　总内存量；
- free　空闲内存量；
- used　已使用的物理内存；
- buff/cache　缓冲区和缓存量；
- swap　交换区；
- avail mem　可用于下一次的物理内存总量；

按下大写字母 h，可以获取 top 命令的快捷键帮助。

表5-1-4　top快捷键使用说明

| 参数 | 用法解释 |
|---|---|
| Z B E e | Z 颜色、B 加粗、E 系统内存单位转换、 e 进程内存单位转换 |
| l t m | l 平均值、t 任务 /cpu 统计信息、 m 内存信息 |
| 0 1 2 3 | 0 切换显示 0 信息、1\2\3 cpu 信息 |
| f F X | f\F 添加 \ 删除 \ 订购 \ 排序字段、 X 增加列宽度 |
| L & < > | L & 查找 \ 再次查找、< > 左右移动排序 |
| R H V J | R 排序 H 显示线程 V 树结构展示 J 列表数字（左 \ 右对齐） |
| c i s j | c 查看cmd命令 i 查看 idle 值 s 设置更新时间 j 列表为字符串（左 \ 右对齐） |
| x y | x 切换高亮排序字段 、y 根据运行任务高亮排序 |
| u | u\U 用户 |

接下来就是显示进程列表。

表5-1-5　进程列表各列说明

| 项目 | 意思 |
|---|---|
| PID | 进程 id |
| USER | 用户名 |
| PR | 优先级 |
| NI | nice 值，越小优先级越高 |
| VIRT | 虚拟内存使用量 |
| RES | 物理内存使用量 |
| SHR | 共享内存大小 |
| S | 进程状态 |
| %CPU | CPU 使用率 |
| %MEM | 内存使用率 |
| TIME+ | 占用 CPU 总时长 |
| COMMAND | 命令 / 进程 |

按下"f"可以查看更多列信息。

Top 命令常用快捷键和命令实操：

b+n+4：高亮显示cpu使用率最高的前4个进程

n+0：恢复默认显示有进程信息

E：系统内存单位转换，默认KB

e：进程内存单位转换，默认KB

m：系统内存利用率(按4下恢复)

t：cpu的总使用率

s\d + 1 ： 设置数据更新时间为1秒,默认为3秒

top -H -p 进程id ： 查看某个进程下的线程

2. htop 命令：常用来查看进程的实时状态，htop 命令与 top 命令功能一致，但它能显示更多信息。htop 命令不是系统自带命令，需要单独安装，在 centos 系统中安装 htop 命令，需要有 epel 源，所以需要先安装 epel 源，步骤如下：

```
# 安装epel源
yum install epel-release -y


# 安装htop
yum install htop -y


# 执行htop
htop
```

操作如下图。

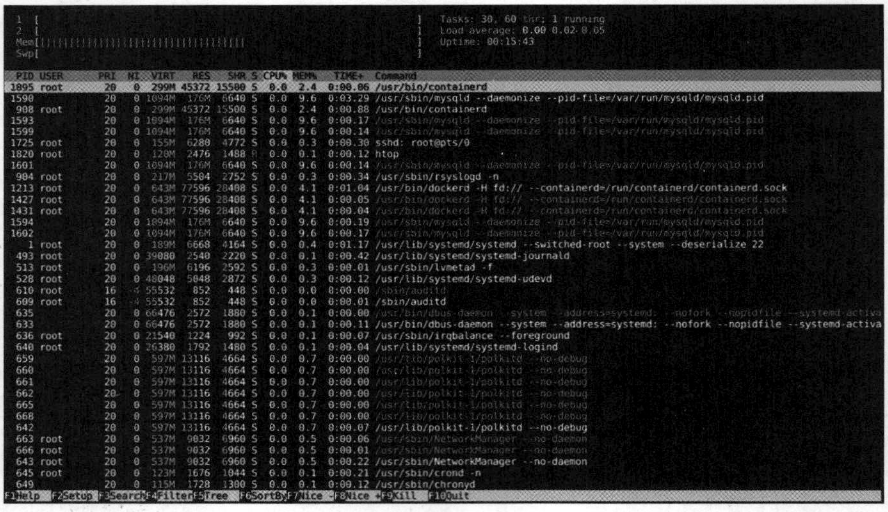

图 5-1-5 linux知识-htop-1

左上角数字 1、2 说明当前系统 CPU 核数为 2 核，中括号为当前 CPU 的使用情况。下面两行为内存使用情况。

右上角信息显示当前任务数、线程数以及正在运行的线程数；系统在过去 1 分钟、5 分钟和 15 分钟的平均负载；系统从启动到现在已经运行的时长。

在上述两个信息下面显示进程 \ 线程的状态。可以按 F5 用树形结构查看进程与线程。

最底下显示功能操作快捷菜单，按下 F1 可以得到帮助信息，按 q 或 F10 退出。

常用的 htop 命令参数如下。

表5-1-6 htop命令参数说明

| 参数 | 用法 | 案例 |
|------|------|------|
| -d | 数据间隔刷新时间，单位默认 10 微秒 | htop -d 100 |
| -s | 设置排序字段 | htop -s MEM |
| -t | 用树型结构显示进程列表 | htop -t |
| -u | 指定只显示某个用户的进程 | htop -u root |
| -p | 指定只显示某个进程信息 | htop -p 1028 |

3.atop 命令：atop 是一个功能非常强大的 linux 服务器监控工具，它可以收集 CPU、内存、磁盘、网络进程等数据，可以在分析数据时进行数据排序、视图切换、正则匹配等处理。

但是这个命令需要通过"yum install atop -y"来安装，安装完毕后直接输入"atop"即可执行 atop 命令，运行结果如下图。

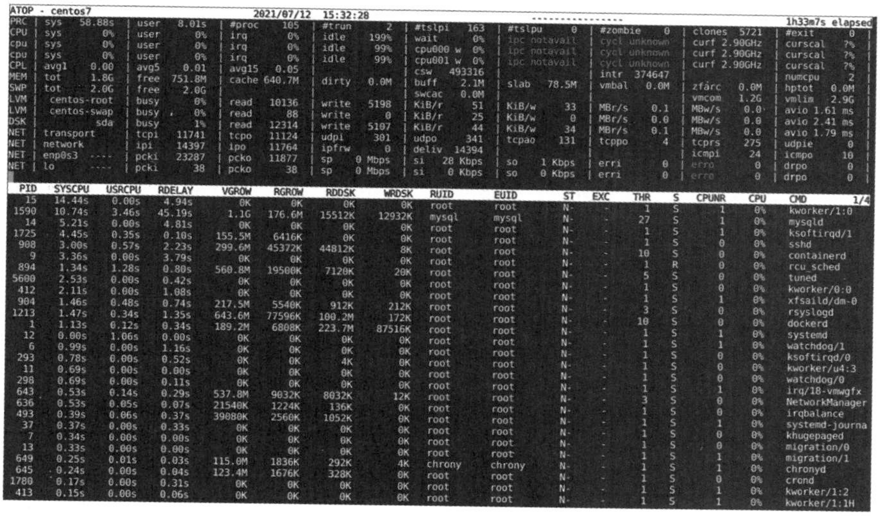

图5-1-6 linux知识-atop

关于这个命令的使用方法可以用"atop -h"命令。

4.ps 命令：ps(process status) 用于显示当前进程的状态，类似 windows 的任务管理器用于报告当前系统的进程状态，可以搭配 kill 指令随时中断、删除不必要的程序。ps 命令是最基本同时也是非常强大的进程查看命令，使用该命令可以确定有哪些进程正在运行以及运行的状态、进程是否结束、进程有没有僵死、哪些进程占用了过多的资源等等，大部分进程的信息都是可以通过执行该命令得到的。

ps 的参数非常多，可以使用 man ps 命令查看帮助信息，常用的命令如下。

```
ps -ef ps -eF ps -ely 使用标准语法查看系统上的每个进程

ps aux ps ax 使用BSD语法查看系统上的每个进程

ps -ejH ps axms 显示进程树

ps -eLf 显示线程信息

ps  aux | grep mysqld | grep -v grep | awk  '{print $2 }' xargs
kill -9 杀掉某一个程序

ps -eal | awk '{if ($2 == "Z"){print $4}}'  | xargs kill -9 杀掉
僵尸进程
```

5. vmstat 命令：Vmstat(virtual meomory statistics) 虚拟内存统计的缩写，可监控虚拟内存、进程、cpu 的活动。可以使用 --help 或 man xx 来查看帮助了解这个命令的使用方法。

表5-1-7　vmstat参数说明

| 参数 | 用法解释 |
|---|---|
| -a, --active | 显示活跃或非活跃的内存 |
| -f, --forks | 显示从系统启动至今的 fork 数量 |
| -m, --slabs | 显示 slab 信息 |
| -n, --one-header | 头信息仅显示一次 |
| -s, --stats | 以表格方式显示时间计数器的内存状态 |
| -d, --disk | 报告磁盘状态 |
| -p, --partition | 显示指定的硬盘分区状态 |
| -S, --unit | 输出信息的定位 |

常用命令："vmstat 1 5"，指每间隔 1 秒钟收集一次数据，总共收集 5 次，如下图所示。

```
[root@VM-0-4-centos ~]# vmstat 1 5
procs ------memory------ ---swap-- ----io--- -system-- ----cpu----
 r  b   swpd   free   buff   cache   si   so    bi    bo   in   cs us sy id wa st
 2  0      0 144936 136836 4256640    0    0     0    17    1    1  1  0 99  0  0
 0  0      0 144696 136836 4256640    0    0     0     0 1500 2843  1  0 99  0  0
 0  0      0 144680 136836 4256644    0    0     0    84  896 1746  1  1 99  0  0
 0  0      0 144252 136836 4256684    0    0     0     0  853 1583  1  2 97  0  0
 0  0      0 145432 136836 4256680    0    0     0     0  753 1309  1  1 99  0
```

表5-1-8  vmstat各列说明

| 参数 | 用法 | 案例 |
|---|---|---|
| procs 进程信息 | r | 数字显示当前有多少进程正在等待进入 CPU |
| | b | 数字显示当前有多少进程正在不可中断的休眠（等待 IO） |
| Memory 内存信息 | swapd | swapd 列显示了多少块被换出了磁盘（页面交换） |
| | free | 多少块是空闲的（未被使用） |
| | buff | 多少块正在被用作缓冲区 |
| | cache | 多少块正在被用作操作系统的缓存 |
| swap 交换活动 | si | 每秒有多少块正在被（从磁盘）换入 |
| | so | 每秒有多少块正在被换出（到磁盘） |
| io 换入换出 | bi | 显示了多少块从块设备读取（bi），反映了硬盘 I/O |
| | bo | 显示了多少块从块设备写出（bo），反映了硬盘 I/O |
| system 系统信息 | in | 每秒中断（in）的数量 |
| | cs | 每秒上下文切换（cs）的数量 |
| cpucpu 信息 | us | 执行用户代码（非内核）时间占比 |
| | sy | 执行系统代码（内核）时间占比 |
| | id | 空闲时间占比 |
| | wa | 等待时间占比 |
| | st | 管理时间占比 |

"vmstat -s"命令显示内存页相关信息。

```
[root@VM-0-4-centos ~]# vmstat -s
   8008956 K total memory
   3467472 K used memory
   5579868 K active memory
   1759580 K inactive memory
    147132 K free memory
    136840 K buffer memory
   4257512 K swap cache
         0 K total swap
         0 K used swap
         0 K free swap
  24524503 non-nice user cpu ticks
      4565 nice user cpu ticks
  18198020 system cpu ticks
4698586297 idle cpu ticks
```

```
  2471750 IO-wait cpu ticks
        0 IRQ cpu ticks
   287046 softirq cpu ticks
        0 stolen cpu ticks
  6119060 pages paged in
812299476 pages paged out
        0 pages swapped in
        0 pages swapped out
2309650946 interrupts
1874940054 CPU context switches
1604041302 boot time
 59298919 forks
```

6. mpstat：mpstat 是一个实时监控工具，主要报告与 cpu 相关的统计信息，信息存放在 /proc/stat 文件中，不过它不是 linux 自带的命令，需要安装 sysstat 包，安装命令："yum install sysstat -y"，可以通过 "man mpstat" 获取命令使用帮助。部分帮助说明如下。

表5-1-9  mpstat帮助

| 参数或列 | 意义 |
|---|---|
| -A | 等同于 -u -I ALL -PALL |
| -u | 报告 CPU 利用率。将显示以下值 |
| CPU | 处理器编号。关键字 all 表示统计信息计算为所有处理器之间的平均值 |
| % usr | 显示在用户级（应用程序）执行时发生的 CPU 利用率百分比 |
| % nice | 显示以优先级较高的用户级别执行时发生的 CPU 利用率百分比 |
| % sys | 显示在系统级（内核）执行时发生的 CPU 利用率百分比。请注意，这不包括维护硬件和软件的时间中断 |
| % iowait | 显示系统具有未完成磁盘 I / O 请求的 CPU 或 CPU 空闲的时间百分比 |
| % irq | 显示 CPU 或 CPU 用于服务硬件中断的时间百分比 |
| %soft | 显示 CPU 或 CPU 用于服务软件中断的时间百分比 |
| %steal | 显示虚拟 CPU 或 CPU 在管理程序为另一个虚拟处理器提供服务时非自愿等待的时间百分比 |
| %guest | 显示 CPU 或 CPU 运行虚拟处理器所花费的时间百分比 |
| %gnice | 显示 CPU 或 CPU 运行 niced 客户机所花费的时间百分比 |
| %idle | 显示 CPU 或 CPU 空闲且系统没有未完成的磁盘 I / O 请求的时间百分比 |
| -V | 打印版本号，然后退出 |
| -I {SUM ∣ CPU ∣ ALL} | 报告中断统计信息。使用 SUM 关键字，mpstat 命令报告每个处理器的中断总数。使用 CPU 关键字，显示 CPU 或 CPU 每秒接收的每个中断的数量。ALL 关键字等效于指定上面的所有关键字，因此显示所有中断统计信息 |
| interval | 指定每个报告之间的时间（不指定 count 则持续生成报告） |
| count | 指定生成报告数量 |

常用命令：mpstat -P ALL 1 2，指每隔 1 秒钟获取一次数据，总共获取 2 次，最后会生成一个平均值，命令执行结果如下所示。

```
[root@centos7 ~]# mpstat -P ALL 1 2
Linux 3.10.0-1127.el7.x86_64 (centos7)    2021年08月01日   _x86_64_
(1 CPU)

16时54分45秒
CPU    %usr    %nice    %sys %iowait    %irq    %soft   %steal   %guest
%gnice    %idle

16时54分46秒
all    90.91    0.00    0.00    0.00    0.00    9.09    0.00    0.00
0.00    0.00

16时54分46秒
0    90.91    0.00    0.00    0.00    0.00    9.09    0.00    0.00
0.00    0.00

16时54分46秒
CPU    %usr    %nice    %sys %iowait    %irq    %soft   %steal   %guest
%gnice    %idle

16时54分47秒
all    100.00    0.00    0.00    0.00    0.00    0.00    0.00    0.00
0.00    0.00

16时54分47秒
0    100.00    0.00    0.00    0.00    0.00    0.00    0.00    0.00
0.00    0.00

平均时间：  CPU    %usr    %nice    %sys %iowait    %irq    %soft   %steal
%guest  %gnice    %idle
平均时间：  all    95.00    0.00    0.00    0.00    0.00    5.00    0.00
0.00    0.00    0.00
平均时间：    0    95.00    0.00    0.00    0.00    0.00    5.00    0.00
0.00    0.00    0.00
```

7. pidstat 命令：pidstat 是一个常用的进程性能分析工具，用来实时查看进程的 CPU、内存、I/O 以及上下文切换等指标信息。可以通过 "man pidstat" 获取帮助来学习该命令。

常用命令："pidstat -p All" "pidstat -u -w 1"

• cswch/s（voluntary context switches）自愿上下文切换。

• nvcswch/s（non voluntary context switches）非自愿上下文切换。

8. netstat 命令：netstat 命令，用于显示与 IP\TCP\UDP\ICMP 协议相关的数据统计，一般用于检验本机各端口的网络连接情况，可以通过 "man netstat" 获取帮助。

常用的命令如下：

• "netstat -npl" 可以查看你要打开的端口是否已经打开；

• "netstat -rn" 打印路由表信息；

• "netstat -in" 提供系统上的接口信息，打印每个接口的 MTU、输入分组数、输出分组数、输出错误、冲突以及当前的输出队列长度。

9. iostat 命令：用于显示设备，分区和网络文件系统的 CPU 统计信息和输入 / 输出统计信息。可以通过 "iostat --help" 或 "man iostat" 查看帮助。

5-1-10　iostat 参数说明

| 选项 | 意思 |
| --- | --- |
| -c | 显示 CPU 使用率报告 |
| -d | 显示设备使用率报告 |
| -k | 以每秒千字节显示统计报告 |
| -m | 以每秒兆字节显示统计报告 |
| -x | 显示扩展统计信息 |

常用的命令有 "iostat -dx 1 3"，指 每隔 1 秒钟收集 1 次磁盘数据，总共收集 3 次。

```
[root@centos7 ~]# iostat -dx 1 3

Linux 3.10.0-1127.el7.x86_64 (centos7)    2021 年 08 月 02 日   _x86_64_
(1 CPU)


  Device:        rrqm/s    wrqm/s     r/s     w/s     rkB/s     wkB/s
avgrq-sz avgqu-sz   await  r_await  w_await   svctm    %util
    sda            0.01     0.43     0.43    33.70    17.94    238.33
15.01      0.20    5.73    93.00     4.60    2.22     7.57
```

```
    dm-0              0.00      0.00      0.42     22.94     17.64    236.86
21.79      0.28    12.13    94.86     10.63    3.22    7.52
    dm-1              0.00      0.00      0.03      0.37      0.12      1.46
8.05       0.04    98.48    14.29    104.95    0.65    0.03


    Device:         rrqm/s    wrqm/s      r/s       w/s      rkB/s     wkB/s
avgrq-sz avgqu-sz    await  r_await  w_await   svctm   %util
    sda               0.00      0.00      0.00      0.00      0.00      0.00
0.00       0.00     0.00     0.00      0.00    0.00    0.00
    dm-0              0.00      0.00      0.00      0.00      0.00      0.00
0.00       0.00     0.00     0.00      0.00    0.00    0.00
    dm-1              0.00      0.00      0.00      0.00      0.00      0.00
0.00       0.00     0.00     0.00      0.00    0.00    0.00


    Device:         rrqm/s    wrqm/s      r/s       w/s      rkB/s     wkB/s
avgrq-sz avgqu-sz    await  r_await  w_await   svctm   %util
    sda               0.00      0.00      0.00      0.00      0.00      0.00
0.00       0.00     0.00     0.00      0.00    0.00    0.00
    dm-0              0.00      0.00      0.00      0.00      0.00      0.00
0.00       0.00     0.00     0.00      0.00    0.00    0.00
    dm-1              0.00      0.00      0.00      0.00      0.00      0.00
0.00       0.00     0.00     0.00      0.00    0.00    0.00
```

表5-1-11　iostat各列说明

| 项目 | 意思 |
| --- | --- |
| rrqm/s wrqm/s | 每秒合并的读和写请求，"合并的"意味着操作系统从队列中拿出多个逻辑请求合并为一个请求到实际磁盘 |
| r/s w/s | 每秒发送到设备的读和写请求数 |
| rkB/s wkB/s | 每秒读和写的速度 |
| avgrq-sz | 请求的扇区数 |
| avgqu-sz | 在设备队列中等待的请求数 |
| await | 每个 IO 请求花费的时间 |
| r_await w_await | 读等待和写等待时间 |
| svctm | 实际请求（服务）时间 |
| %util | 至少有一个活跃请求所占时间的百分比 |

10. dstat 命令：dstat 可以替换 vmstat、iostat 等命令，它的功能比较齐全，可以用不同颜色来区分不同监控结果数据。这个工具不是 linux 自带的命令工具，需要单独安装 "yum install dstat -y"，通过命令 "man dstat" 可以获取使用帮助信息。

表5-1-12　dstat参数说明

| 选项 | 意思 |
|------|------|
| -c | 显示 CPU 的统计数据 |
| -m | 显示内存的使用情况 |
| -d | 显示磁盘的读写情况 |
| -l | 显示系统负载情况 |
| -r | 显示系统 io 运行情况 |
| -y | 显示系统中断和上下文信息 |
| -i | 显示中断情况 |
| -n | 显示网络情况 |
| -p | 显示进程状态 |

常用的命令："dstat -lcmdry 1 2"

```
[root@VM-0-4-centos ~]# dstat -lcmdry 1 2
---load-avg--- ----total-cpu-usage---- ------memory-usage-----
-dsk/total- --io/total- ---system--
 1m   5m  15m |usr sys idl wai hiq siq| used  buff  cach  free| read
writ| read  writ| int   csw
   0.11 0.04 0.05|  1   0  99   0   0   0|3760M 135M 3698M 228M|
268B  34k|0.01  4.56 | 282   808
   0.11 0.04 0.05|  0   0 100   0   0   0|3760M 135M 3698M 228M|
0     0 | 0     0 | 657  1239
   0.10 0.04 0.05|  0   1  98   0   0   0|3759M 135M 3698M 229M|
0     0 | 0     0 | 978  1768
```

11. sar 命令：sar 可以收集、报告和保存几乎系统所有有用的信息，在网络监控方面尤其突出，可以通过 "man sar" 或 "sar --help" 命令获取帮助信息。

表5-1-13　sar参数说明

| 选项 | 意思 |
|---|---|
| -B | 分页状况 |
| -b | I/O 和传输速率信息 |
| -d | 块设备状况 |
| -l | 中断信息状况 |
| -n | 网络统计信息 |
| -q | 系统负载压力统计 |
| -r | 内存利用率信息 |
| -u | CPU 利用率信息 |

常用的命令：

- sar -u 1 每间隔 1 秒钟统计一次 CPU 使用情况；
- sar -r 1 每间隔 1 秒钟统计一次内存使用情况；
- sar -W 1 每间隔 1 秒钟统计一次交换分区使用情况；
- sar -w 1 每间隔 1 秒钟显示一次上下文交换信息；
- sar -b 1 每间隔 1 秒钟统计一次 I/O 相关使用情况；
- sar -n socket 1 每间隔 1 秒钟统计一次 socket 信息；
- sar -n TCP 1 每间隔 1 秒钟统计一次 TCP 传输信息；
- sar -q 1 每间隔 1 秒钟通用一次队列长度；
- sar -B 1 每间隔 1 秒钟统计一次页交换速率。

12.ss 命令：ss 命令和 netstat 类似，也常用于网络性能分析，它的运行效率比 netstat 快很多，可以通过 ss -help 来获取使用帮助信息。

表5-1-14　ss命令帮助

| 命令参数 | 意义 |
|---|---|
| -n, --numeric | 不解析服务名 |
| -r, --resolve | 解析主机名 |
| -a, --all | 显示所有的套接字 |
| -l, --listening | 显示监听状态的套接字 |
| -o, --options | 显示计时器信息 |
| -e, --extended | 显示详细的 socket 信息 |
| -m, --memory | 显示 socket 内存使用情况 |
| -p, --processes | 显示使用 socket 的进程 |
| -i, --info | 显示 TCP 内部信息 |
| -s, --summary | 汇总显示 socket 使用情况 |
| -b, --bpf | 显示 bpf 过滤套接字信息 |

续表

| 命令参数 | 意义 |
| --- | --- |
| -E, --events | 当套接字被破坏时继续显示他们 |
| -Z, --context | 显示进程 SElinux 安全上下文 |
| -z, --contexts | 显示进程和套接字 SElinux 安全上下文 |
| -N, --net | 切换到指定命名空间的网络 |
| -4, --ipv4 | 只显示 IPV4 的 sockets |
| -0, --packet | 显示包经过的网络接口 |
| -t, --tcp | 显示 TCP 套接字 |
| -f, --family=FAMILY | 显示指定类型的套接字 |
| -K, --kill | 强行关闭套接字,并显示关闭的内容 |
| -A, --query=QUERY, --socket=QUERY | 查看指定类型的套接字信息 |

常用命令如下:

```
ss -a      # 显示所有的套接字信息
ss -s      # 显示当前socket汇总统计信息
ss -l      # 显示本地打开的所有端口
ss -pl      # 显示每个进程具体打开的socket
ss -t -a     # 显示所有的TCP连接的socket信息
ss -u -a     # 显示所有的UDP连接的socket信息
ss src 发起方ip    # 通过发起方源ip地址进行过滤
ss sport =:port        # 根据端口过滤
```

## ◎ 5.2 CPU 性能分析

### 5.2.1 CPU性能指标

在 linux 系统中,使用"top""htop""atop""mpstat"等命令,都可以查看CPU 各种指标数据,如下表。

表5-2-1　CPU指标数据意思

| 项目 | 意思 |
|------|------|
| us | 用户进程空间中未改变过优先级的进程，占用 CPU 百分比 |
| sy | 内核空间占用 CPU 百分比 |
| ni | 用户进程空间内改变过优先级的进程，占用 CPU 百分比 |
| id | 空闲时间百分比 |
| wa | 空闲与等待 I/O 的时间百分比 |
| hi | 硬中断时间百分比 |
| si | 软中断时间百分比 |
| st | 虚拟化时被其余 vm 窃取时间百分比 |

　　Linux 系统的负载，是由 CPU 负载和 IO 负载两部分组成的，CPU 负载是根据 CPU 的繁忙值与空闲值之间关系比出来的，繁忙值包括：us、sy、st、ni、hi、si、st；空闲值包括：idle、wa 值。

　　sy：内核态 CPU 使用时间占比。程序运行需要实现一些系统底层计算时，就要从非内核进入内核，此时会发生系统调用，这种调用会消耗时间，同时在内核中运行也要时间，sy 就表示占用内核的时间。

　　us：是程序在非内核中计算占用的时间。当程序逻辑比较复杂，就会占用比较长的时间，us 就是反应这个非内核的运算时间。

　　ni：是进程优先级切换。从一个程序切换到另外一个程序，就会有程序优先级的变化，这个切换也需要消耗 CPU 时间。

　　hi：硬中断。一个 CPU 指令正在运行，这时如果强制中断当前执行的指令转去执行其他指令，需要先保存当前指令的资源，然后打开另外指令的资源去执行，会占用 CPU 时间。

　　si：软中断。非强制性切换执行指令，也是要保存当前指令资源和打开新指令资源，也需要占用 CPU 的时间。

　　wa：资源等待。常见于等待 io 资源。但是如果在 CPU 中也会出现不可中断的休眠，这个时候等待资源，需要占用 CPU 的时间。所以 wa 的值，不能完全动当作繁忙，也不能完全当作空闲。

　　st：cpu 管理者抢占的时间。

## 5.2.2 CPU上下文

　　CPU 的上下文是 CPU 寄存器和程序计数器。上下文切换简单理解，就是这些资源在 CPU 的控制单元和存储单元中来回切换。进程是一个程序的资源基本单位，线

程是调度的基本单位。一个程序要能正常运行至少有一个进程来申请需要的资源，至少有一个线程来被 CPU 调度执行任务。

**进程上下文切换**

进程优先级发生变化时，CPU 就会发生系统调用切换进程。如果是在同一个进程中的不同线程之间进行上下文切换，进程的用户态被系统调用，进入 CPU 的内核态，在这个过程中，需要保存被调用的线程的资源，然后读取新的线程的资源，再发生系统调用，把新的资源给新的线程进入用户态中执行；如果是在不同进程之间进行上下文切换，那么在发生系统调用时，就需要先保存各自进程的资源，然后读取新的活跃进程的资源进入 CPU 的用户态进行运行，这个过程因为要保存整个进程的资源是比较大的，所以切换的时间就会比较长，消耗的资源空间也比较大。

**线程上下文切换**

线程是 CPU 调度的基本单位，在同一个进程中线程共享进程的资源，但是也是有少量自己私有的资源数据。如果是在同一个进程中的线程上下文切换，因为共享进程的资源，所以在切换时只需要保存和读取线程自身的私有资源数据就可以；而如果是在不同进程的线程之间进行上下文切换，那么他就相当于进程上下文切换了，因为它在切换时候，要保存和读取进程的资源，和进程上下文切换类似。

## 5.2.3 CPU上下文实战

**硬件资源监控**

可以使用第 4 章中性能监控内容，搭建 grafana+prometheus+node_exporter 监控平台。

**安装 stress-ng**

stress-ng 是 stress 的升级版本，stress-ng 支持多种产生系统负载的方式，包含 CPU 的浮点运算、整数运算、位元运算与控制流程等，可以用来测试系统在高负载的状况下的稳定性。

```
yum install -y epel-release.noarch && yum -y update
yum install -y stress-ng
```

stress-ng 命令相关参数说明如下表。

表5-2-2　stress-ng参数说明

| 参数 | 意思 |
| --- | --- |
| -c, --cpu | 启动 N 个 workers 循环进行随机数的平方根计算，常用于模拟 CPU 密集情况 |
| --cpu-method all | worker 从迭代使用 30 多种不通的压力算法，包括 pi、crc16、fft 等等 |
| -tastset N | 将压力加到指定核心上 |
| -t, --timeout | 测试时长（超出这个时长自动退出） |
| -d, --hdd | 启动 N 个 workers 循环进行写和删除操作，常用于模拟 I/O 密集情况 |
| -i, --io | 表示调用 sync()，表示通过系统调用 sync 来模拟 I/O 的请求，效果不明显 |
| -T, --timer | 启动 N 个 workers 进行计算器事件 |

## 一、进程上下文切换实战

```
(( proc_cnt = `nproc`*10 )); stress-ng --cpu $proc_cnt --pthread 1
--timeout 150
# nproc 获取当前机器的CPU数量
# (( proc_cnt = `nproc`*10 ))；当前系统CPU数量的10倍赋值给变量proc_cnt
# --cpu $proc_cnt   模拟出变量值的workers进行CPU测试
# --pthread 1   每个CPU启动1个线程
# --timeout 150   执行150秒退出
# 命令的意思是：模拟在机器上启动10倍于CPU数量的进程，进行性能测试，测
试在CPU数量不够时，进程之间的切换。
```

分析如下。

（1）执行"top"命令，如下图。

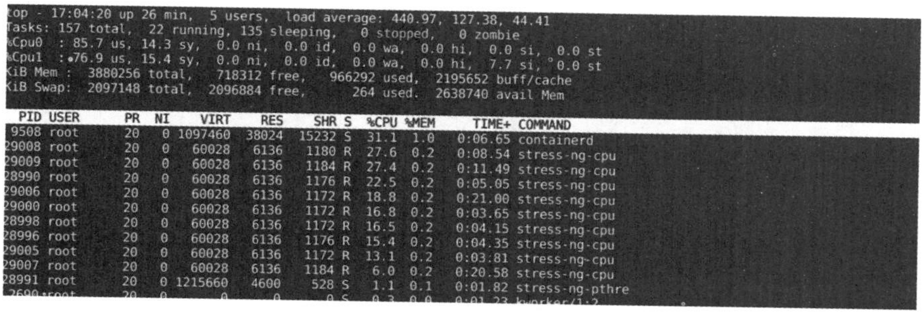

图5-2-1　CPU性能分析-CPU-1

（2）执行"vmstat 1"命令，如下图。

```
[root@centos7 ~]# vmstat 1
procs -----------memory---------- ---swap-- -----io---- -system-- ------cpu-----
 r  b   swpd   free   buff  cache   si   so    bi    bo   in   cs us sy id wa st
 1  0    264 947104   4172 2185548    0    1   363  1057  851  993  6  9 82  3  0
 0  0    264 947104   4172 2185624    0    0     0   379  363  1  1 98  0  0
273  0    264 821600   4172 2191048    0    0    48     0 4093 4741 21 31 47  1  0
946  0    264 786864   4172 2191048    0    0     0     0 1567  351 45 55  0  0  0
267  0    264 793800   4172 2191116    0    0     0     0 1403  957 40 60  0  0  0
269  0    264 787124   4172 2191116    0    0     0     0  694  505 43 57  0  0  0
267  0    264 782760   4172 2191164    0    0     0     0  738  151 38 63  0  0  0
266  0    264 739008   4172 2191212    0    0     0     0 2264  989 31 69  0  0  0
266  0    264 752360   4172 2191212    0    0     0     0 1416  448 38 63  0  0  0
 32  0    264 762424   4172 2191232    0    0     0    48 3118 1033 37 63  0  0  0
 26  0    264 750556   4172 2191236    0    0     0    27 2448  414 23 67 10  0  0
866  0    264 715324   4172 2191240    0    0     0     0   56  265 50 50  0  0  0
343  0    264 738940   4172 2191240    0    0     0     0   49 1685 50 50  0  0  0
346  0    264 723020   4172 2191248    0    0     0     0   99  392 75 25  0  0  0
1030  0   264 691132   4172 2191248    0    0     0   526  182 1703 43 57  0  0  0
 30  0    264 694696   4172 2191264    0    0     0    21  295 6099 55 45  0  0  0
 30  0    264 719656   4172 2191264    0    0     0    29  245 3536 38 63  0  0  0
821  1    264 928672   4172 2191300    0    0     0     0  481 4440 50 50  0  0  0
122  0    264 936892   4172 2191292    0    0     0    16   81 2353 33 67  0  0  0
510  0    264 940052   4172 2191292    0    0     0    14  195 2924 20 80  0  0  0
 33  0    264 956908   4172 2191272    0    0     0     0  113  919 60 20 20  0  0
772  1    264 950356   4172 2191216    0    0     0   220  158 1562 43 57  0  0  0
1057  1   264 931940   4172 2191216    0    0     0    27  172 1371 38 63  0  0  0
868  0    264 958148   4172 2191232    0    0     0    65  190 1660 43 57  0  0  0
211  0    264 966984   4172 2191232    0    0     0    53  154 2124 33 67  0  0  0
168  0    264 973300   4172 2191220    0    0     0    82  133 3032 67 33  0  0  0
 23  3    264 966504   4172 2191204    0    0     0   113  553 7918 31 69  0  0  0
 78  0    264 979048   4172 2191204    0    0     0     0   49  441 1290 22 78  0  0
 40  0    264 984672   4172 2191204    0    0     0     0   49  154 50 50  0  0  0
 24  0    264 879616   4172 2191204    0    0     0   192  840 10684 40 60  0  0  0
843  1    264 855476   4172 2191236    0    0     0     8   73 1595 50 50  0  0  0
 27  0    264 879452   4172 2191236    0    0     0     0  259 1516 67 33  0  0  0
931  0    264 827992   4172 2191236    0    0     0     0   76 1399 33 67  0  0  0
219  0    264 921756   4172 2191232    0    0     0    20  294 6957 25 75  0  0  0
694  0    264 897736   4172 2191240    0    0     0     0   49 4298 50 50  0  0  0
1051  0   264 900732   4172 2191240    0    0     0     0   50 1362 50 50  0  0  0
293  0    264 890972   4172 2191240    0    0     0     0   43 1890  0 10 100  0  0
430  1    264 919164   4172 2191216    0    0     0    41  299 4219 33 67  0  0  0
 24  0    264 959872   4172 2191288    0    0     0   650  381 10596 53 47  0  0  0
581  0    264 943112   4172 2191292    0    0     0     0   27  134  617 50 50  0  0
581  0    264 949392   4172 2191292    0    0     0     0  141 1305 89 11  0  0  0
```

图5-2-2 CPU性能分析-CPU-2

（3）执行"pidstat -w 1"命令，如下图。

```
平均时间:   UID    PID   cswch/s nvcswch/s  Command
平均时间:     0      1      0.18      0.00  systemd
平均时间:     0      6      7.30      0.00  ksoftirqd/0
平均时间:     0      7      1.73      0.00  migration/0
平均时间:     0      9     19.80      0.00  rcu_sched
平均时间:     0     11      0.18      0.00  watchdog/0
平均时间:     0     12      0.18      0.00  watchdog/1
平均时间:     0     13      1.55      0.00  migration/1
平均时间:     0     14      5.20      0.00  ksoftirqd/1
平均时间:     0     37      0.09      0.00  khugepaged
平均时间:     0    320      2.74      0.00  kworker/1:1H
平均时间:     0    490      3.19      0.00  xfsaild/dm-0
平均时间:     0    490      0.09      0.00  systemd-journal
平均时间:     0    556      0.27      0.00  kworker/0:1H
平均时间:     0    639      0.27      0.00  NetworkManager
平均时间:     0    646      0.09      0.00  irqbalance
平均时间:     0   1071      0.18      0.00  master
平均时间:    89   1078      0.09      0.00  pickup
平均时间:     0   6480      0.18      0.00  kworker/u4:1
平均时间:     0   8048      0.36      0.00  kworker/0:3
平均时间:     0  12770      0.00      1.37  stress-ng-cpu
平均时间:     0  12771    117.24      0.73  stress-ng-pthre
平均时间:     0  12773      0.00      2.28  stress-ng-cpu
平均时间:     0  12774      0.00      2.65  stress-ng-cpu
平均时间:     0  12775      0.00      1.09  stress-ng-cpu
平均时间:     0  12776      0.00      1.92  stress-ng-cpu
平均时间:     0  12778      0.00      0.18  stress-ng-cpu
平均时间:     0  12779      0.00      0.36  stress-ng-cpu
平均时间:     0  12780      0.00      0.09  stress-ng-cpu
平均时间:     0  12781      0.00      0.36  stress-ng-cpu
平均时间:     0  12782      8.00      0.27  stress-ng-cpu
平均时间:     0  12783      0.00      1.64  stress-ng-cpu
平均时间:     0  12784      0.00      0.27  stress-ng-cpu
平均时间:     0  12785      0.00      0.36  stress-ng-cpu
平均时间:     0  12786      0.00      0.73  stress-ng-cpu
平均时间:     0  12787      0.00      0.09  stress-ng-cpu
平均时间:     0  12788      0.00      0.18  stress-ng-cpu
平均时间:     0  12789      0.00      0.55  stress-ng-cpu
平均时间:     0  12790      0.00      0.55  stress-ng-cpu
```

图5-2-3 CPU性能分析-CPU-3

分析结论：

• top命令：load值一直在增加，而且增长到一个非常大的值；

- top 命令：CPU 的 us + sy ≈ 100%，us 较高，sy 较低；
- vmstat 命令：procs 的 r 就绪队列长度，正在运行和等待的 CPU 进程数很大；
- vmstat 命令：system 的 in（每秒中断次数）和 cs（上下文切换次数）都很大；
- vmstat 命令：free、buff、cache 变化不大；
- pidstat 命令：nvcswch/s 非自愿上下文切换在逐步升高。

即企业项目中如果有进程上下文切换高的性能问题时，系统负载会比较高，CPU 的 sy+us 值非常高，us 的值大于 sy 的值；系统的 in 和 cs 的值，都会出现明显的增大；内存变化不明显；工作的进程会有大量的非自愿上下文切换。

## 二、线程上下文切换实战

```
stress-ng --cpu `nproc` --pthread 1024 --timeout 150
# 意思是对系统的每个cpu都启动1024个线程，进行测试，持续运行150秒钟退出
```

分析如下。

（1）执行“top”命令，如下图。

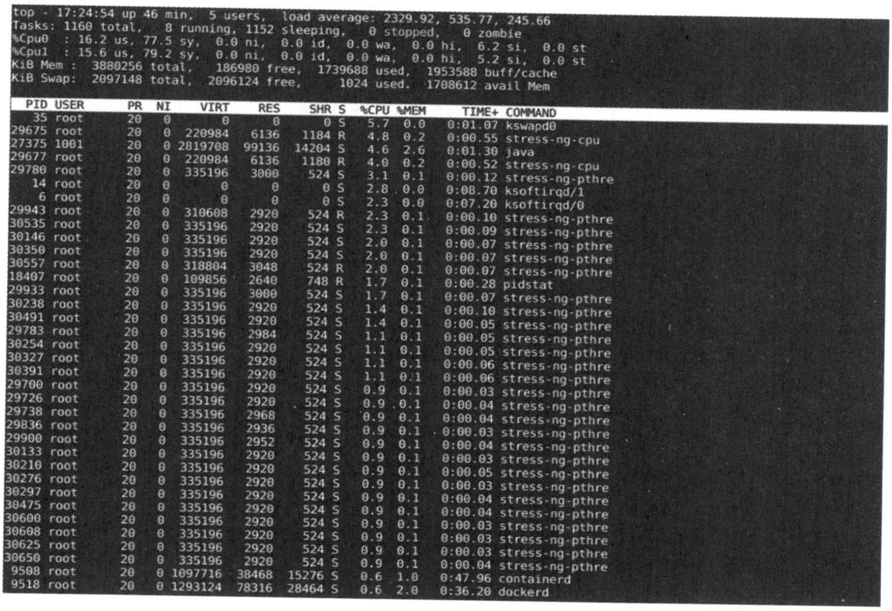

```
top - 17:24:54 up 46 min,  5 users,  load average: 2329.92, 535.77, 245.66
Tasks: 1160 total,   8 running, 1152 sleeping,   0 stopped,   0 zombie
%Cpu0  : 16.2 us, 77.5 sy,  0.0 ni,  0.0 id,  0.0 wa,  0.0 hi,  6.2 si,  0.0 st
%Cpu1  : 15.6 us, 79.2 sy,  0.0 ni,  0.0 id,  0.0 wa,  0.0 hi,  5.2 si,  0.0 st
KiB Mem :  3880256 total,   186980 free,  1739688 used,  1953588 buff/cache
KiB Swap:  2097148 total,  2096124 free,     1024 used.  1708612 avail Mem

  PID USER      PR  NI    VIRT    RES    SHR S  %CPU %MEM     TIME+ COMMAND
   35 root      20   0       0      0      0 S   5.7  0.0   0:01.07 kswapd0
29675 root      20   0  220984   6136   1184 R   4.8  0.2   0:00.55 stress-ng-cpu
27375 1001      20   0 2819708  99136  14204 S   4.6  2.6   0:01.30 java
29677 root      20   0  220984   6136   1180 R   4.0  0.2   0:00.52 stress-ng-cpu
29780 root      20   0  335196   3000    524 S   3.1  0.1   0:00.12 stress-ng-pthre
   14 root      20   0       0      0      0 S   2.8  0.0   0:08.70 ksoftirqd/1
    6 root      20   0       0      0      0 S   2.3  0.0   0:07.20 ksoftirqd/0
29943 root      20   0  310608   2920    524 R   2.3  0.1   0:00.10 stress-ng-pthre
30535 root      20   0  335196   2920    524 S   2.3  0.1   0:00.09 stress-ng-pthre
30146 root      20   0  335196   2920    524 S   2.0  0.1   0:00.07 stress-ng-pthre
30350 root      20   0  335196   2920    524 S   2.0  0.1   0:00.07 stress-ng-pthre
30557 root      20   0  318804   3048    524 R   2.0  0.1   0:00.07 stress-ng-pthre
18407 root      20   0  109856   2640    748 R   1.7  0.1   0:00.28 pidstat
29933 root      20   0  335196   3000    524 S   1.7  0.1   0:00.07 stress-ng-pthre
30238 root      20   0  335196   2920    524 S   1.4  0.1   0:00.10 stress-ng-pthre
30491 root      20   0  335196   2920    524 S   1.4  0.1   0:00.05 stress-ng-pthre
29783 root      20   0  335196   2984    524 S   1.1  0.1   0:00.05 stress-ng-pthre
30254 root      20   0  335196   2920    524 S   1.1  0.1   0:00.05 stress-ng-pthre
30327 root      20   0  335196   2920    524 S   1.1  0.1   0:00.06 stress-ng-pthre
30391 root      20   0  335196   2920    524 S   1.1  0.1   0:00.06 stress-ng-pthre
29700 root      20   0  335196   2920    524 S   0.9  0.1   0:00.03 stress-ng-pthre
29726 root      20   0  335196   2920    524 S   0.9  0.1   0:00.04 stress-ng-pthre
29738 root      20   0  335196   2968    524 S   0.9  0.1   0:00.04 stress-ng-pthre
29836 root      20   0  335196   2936    524 S   0.9  0.1   0:00.03 stress-ng-pthre
29900 root      20   0  335196   2952    524 S   0.9  0.1   0:00.04 stress-ng-pthre
30133 root      20   0  335196   2920    524 S   0.9  0.1   0:00.03 stress-ng-pthre
30210 root      20   0  335196   2920    524 S   0.9  0.1   0:00.05 stress-ng-pthre
30276 root      20   0  335196   2920    524 S   0.9  0.1   0:00.03 stress-ng-pthre
30297 root      20   0  335196   2920    524 S   0.9  0.1   0:00.04 stress-ng-pthre
30475 root      20   0  335196   2920    524 S   0.9  0.1   0:00.04 stress-ng-pthre
30600 root      20   0  335196   2920    524 S   0.9  0.1   0:00.03 stress-ng-pthre
30608 root      20   0  335196   2920    524 S   0.9  0.1   0:00.03 stress-ng-pthre
30625 root      20   0  335196   2920    524 S   0.9  0.1   0:00.03 stress-ng-pthre
30650 root      20   0  335196   2920    524 S   0.9  0.1   0:00.04 stress-ng-pthre
 9508 root      20   0 1097716  38468  15276 S   0.6  1.0   0:47.96 containerd
 9518 root      20   0 1293124  78316  28464 S   0.6  2.0   0:36.20 dockerd
```

图5-2-4 CPU性能分析-CPU-4

（2）执行“vmstat 1”命令，如下图。

```
[root@centos7 ~]# vmstat 1
procs -----------memory---------- ---swap-- -----io---- -system-- ------cpu-----
 r  b   swpd   free   buff  cache   si   so    bi    bo   in   cs us sy id wa st
11542  0    776 162632   4172 2077896    0    1   230   680  744 1235  5  8 85  2  0
12413  0    776 176064   4172 2043312    0   84     0    84  991 86137 14 86  0  0  0
13390  0    776 466968   4172 1994860    0   92     0   112 1334 76292 19 81  0  0  0
12687  0    776 429984   4172 2012984    0    0 18220   760 3197 65695 20 80  0  0  0
13228  0    776 415048   4172 2013196    0    0     0   153 2687 60186 25 75  0  0  0
13644  0    776 361912   4172 2013224    0    0     0     8 1147 67816 27 73  0  0  0
13913  0    776 237152   4172 2013236    0    0    36     0  723 81048 24 76  0  0  0
12900  0    776 287912   4172 2013292    0    0     0     0  709 89768 15 85  0  0  0
14075  0    776 266564   4172 2013308    0    0     0     0  516 85084 20 80  0  0  0
11761  0    776 289080   4172 2013328    0    0     0    55  974 83592 21 79  0  0  0
11965  0    776 292932   4172 2013352    0    0     0     0 2477 58253 24 76  0  0  0
13040  0    776 230372   4172 2013364    0    0     0     0 1612 66094 25 75  0  0  0
14083  0   1024 235040   4124 1967092    0  204     0   204 1597 69680 28 72  0  0  0
13901  0   1024 223000   4124 1953412    0    0     0     0  915 96393 13 87  0  0  0
13996  0   1024 244760   4084 1949588    0    0     0     0 1065 90838 15 85  0  0  0
13266  0   1024 276788   4084 1949504    0    0     0    54 1501 81564 18 82  0  0  0
13792  0   1024 265512   4084 1949504    0    0     0     0 1151 86337 14 86  0  0  0
9981  0   1288 378200   3304 1890972    0  404     0   404 1530 79827 16 84  0  0  0
10439  0   1288 342652   3304 1890868    0    0     0     0 1078 80809 13 87  0  0  0
13299  0   1288 302224   3304 1890872    0    0     0     0  821 84368 14 86  0  0  0
12333  0   1288 105832   3304 1890736    0    0     0    29 1048 90165 16 84  0  0  0
13645  0   1288 133196   3048 1862648    0   32     0    85 1303 86574 19 81  0  0  0
13407  0   1288 324368   3048 1862652    0    0     0     0 1323 89134 16 84  0  0  0
14019  0   1288 306548   3048 1862660    0    0     0   515  964 88233 16 84  0  0  0
10482  0   1288 344888   3048 1862668    0    0     0     0  562 94250 19 81  0  0  0
13726  0   1288 578136   3048 1864008    8    0  1392    27 1512 79141 17 83  0  0  0
13209  0   1288 599912   3048 1867796    0    0  3840   755 3283 66201 22 78  0  0  0
12792  0   1288 576464   3048 1867776    0    0     0   183 2726 62155 29 71  0  0  0
13771  0   1288 462788   3048 1867876    0    0     0     0 1084 56216 33 67  0  0  0
13334  0   1288 396536   3048 1867900    0    0     0     0 1376 88282 22 78  0  0  0
13481  0   1288 409544   3048 1867900    0    0     0     0  971 91613 13 87  0  0  0
12173  0   1288 460292   3048 1867908    0    0     0     0  928 87690 17 83  0  0  0
13645  0   1288 445516   3048 1867920    0    0     0     0 1007 80850 24 76  0  0  0
13484  0   1288 415460   3048 1867960    0    0     0    57 2294 60419 27 73  0  0  0
13911  0   1288 350588   3048 1867964    0    0     0     0 2148 70359 22 78  0  0  0
13892  0   1288 322824   3048 1867972    0    0     0     0 1291 85845 20 80  0  0  0
13073  0   1288 332180   3048 1867980    0    0     0     0  502 96653 17 83  0  0  0
13078  0   1288 365324   3048 1867988    0    0     0     0  941 88963 13 87  0  0  0
13974  0   1544 362928   3048 1841048    0  136     0   136  619 87776 19 81  0  0  0
```

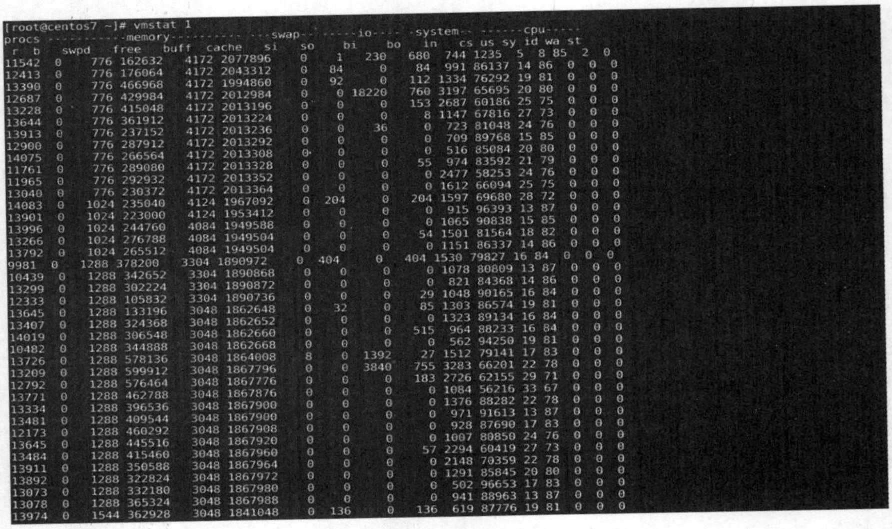

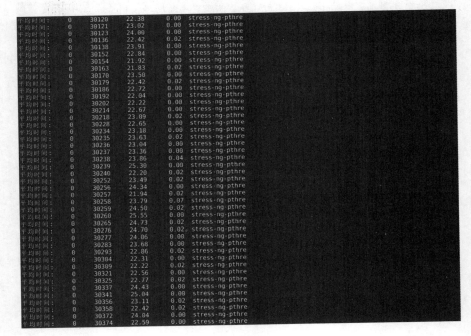

图5-2-5 CPU性能分析-CPU-5

（3）执行“pidstat -w 1”命令，如下图。

```
平均时间:    0    30120    22.38    0.00  stress-ng-pthre
平均时间:    0    30121    23.02    0.00  stress-ng-pthre
平均时间:    0    30123    24.00    0.00  stress-ng-pthre
平均时间:    0    30136    22.42    0.02  stress-ng-pthre
平均时间:    0    30138    23.91    0.00  stress-ng-pthre
平均时间:    0    30152    22.84    0.00  stress-ng-pthre
平均时间:    0    30154    21.92    0.00  stress-ng-pthre
平均时间:    0    30163    21.83    0.02  stress-ng-pthre
平均时间:    0    30170    23.50    0.00  stress-ng-pthre
平均时间:    0    30179    22.42    0.02  stress-ng-pthre
平均时间:    0    30186    22.72    0.00  stress-ng-pthre
平均时间:    0    30192    22.04    0.00  stress-ng-pthre
平均时间:    0    30202    22.22    0.00  stress-ng-pthre
平均时间:    0    30214    22.67    0.00  stress-ng-pthre
平均时间:    0    30218    23.09    0.02  stress-ng-pthre
平均时间:    0    30228    22.65    0.00  stress-ng-pthre
平均时间:    0    30234    23.18    0.00  stress-ng-pthre
平均时间:    0    30235    23.63    0.02  stress-ng-pthre
平均时间:    0    30236    23.04    0.00  stress-ng-pthre
平均时间:    0    30237    23.36    0.00  stress-ng-pthre
平均时间:    0    30238    23.86    0.04  stress-ng-pthre
平均时间:    0    30239    25.30    0.00  stress-ng-pthre
平均时间:    0    30240    22.20    0.02  stress-ng-pthre
平均时间:    0    30252    23.49    0.02  stress-ng-pthre
平均时间:    0    30256    24.34    0.00  stress-ng-pthre
平均时间:    0    30257    21.94    0.02  stress-ng-pthre
平均时间:    0    30258    23.79    0.07  stress-ng-pthre
平均时间:    0    30259    24.50    0.02  stress-ng-pthre
平均时间:    0    30260    25.55    0.00  stress-ng-pthre
平均时间:    0    30265    24.73    0.02  stress-ng-pthre
平均时间:    0    30276    24.70    0.02  stress-ng-pthre
平均时间:    0    30277    24.06    0.00  stress-ng-pthre
平均时间:    0    30283    23.68    0.00  stress-ng-pthre
平均时间:    0    30293    22.86    0.02  stress-ng-pthre
平均时间:    0    30304    22.31    0.00  stress-ng-pthre
平均时间:    0    30309    22.22    0.02  stress-ng-pthre
平均时间:    0    30321    22.56    0.00  stress-ng-pthre
平均时间:    0    30325    22.77    0.02  stress-ng-pthre
平均时间:    0    30337    24.43    0.00  stress-ng-pthre
平均时间:    0    30341    25.04    0.00  stress-ng-pthre
平均时间:    0    30356    23.11    0.02  stress-ng-pthre
平均时间:    0    30358    22.42    0.02  stress-ng-pthre
平均时间:    0    30372    24.04    0.00  stress-ng-pthre
平均时间:    0    30374    22.59    0.00  stress-ng-pthre
```

图5-2-6 CPU性能分析-CPU-6

分析结论如下。

- top：load 值一直在增加，而且增长的非常大。

- top：CPU 的 us + sy ≈ 100%，us 较低，sy 较高。
- vmstat：procs 的 r 就绪队列长度，正在运行和等待的 CPU 进程数很大。
- vmstat：system 的 in（每秒中断次数）和 cs（上下文切换次数）都很大。
- vmstat：free 变小、buff 基本不变、cache 变大。
- pidstat: cswch/s 自愿上下文切换 升高。

即企业项目中如果出现线程上下文切换高导致的系统负载高问题，会伴随 CPU 的 us+sy 高，sy 的值高于 us 值；r 排队队列数字非常大；系统的 in 和 cs 都有明显升高；每个线程的自愿上下文切换高于非自愿上下文切换。

三、IO 密集型实战

```
stress-ng  -i 6 --hdd 1 --timeout 150
# 意思是 开启1个worker不停地读写临时文件，同时启动6个workers不停地调用sync系统调用提交缓存
```

分析如下。

（1）执行“top”命令，如下图。

```
top - 17:38:07 up 59 min,  6 users,  load average: 5.55, 496.59, 776.17
Tasks: 139 total,   1 running, 138 sleeping,   0 stopped,   0 zombie
%Cpu0  :  0.0 us,  0.3 sy,  0.0 ni,  0.0 id, 99.7 wa,  0.0 hi,  0.0 si,  0.0 st
%Cpu1  :  0.0 us,  0.7 sy,  0.0 ni,  0.0 id, 98.9 wa,  0.0 hi,  0.4 si,  0.0 st
KiB Mem :  3880256 total,   648556 free,   643940 used,  2587760 buff/cache
KiB Swap:  2097148 total,  2095604 free,     1544 used.  2960200 avail Mem

  PID USER      PR  NI    VIRT    RES    SHR S  %CPU %MEM     TIME+ COMMAND
28165 root      20   0   57136   2728    408 D   2.3  0.1   0:01.60 stress-ng-hdd
 9815 root      20   0 2758024 272356  14600 S   1.0  7.0   0:39.82 java
   14 root      20   0       0      0      0 S   0.7  0.0   0:12.11 ksoftirqd/1
  320 root       0 -20       0      0      0 S   0.7  0.0   0:02.90 kworker/1:1H
27519 root      20   0       0      0      0 S   0.7  0.0   0:01.68 kworker/1:1
    6 root      20   0       0      0      0 S   0.3  0.0   0:10.78 ksoftirqd/0
  410 root      20   0       0      0      0 S   0.3  0.0   0:05.28 xfsaild/dm-0
 6480 root      20   0       0      0      0 D   0.3  0.0   0:00.94 kworker/u4:1
28604 root      20   0  163180   3332   1600 R   0.3  0.1   0:02.30 top
    1 root      20   0   46328   6736   4048 S   0.0  0.2   0:04.22 systemd
    2 root      20   0       0      0      0 S   0.0  0.0   0:00.01 kthreadd
    4 root       0 -20       0      0      0 S   0.0  0.0   0:00.00 kworker/0:0H
    5 root      20   0       0      0      0 S   0.0  0.0   0:01.78 kworker/u4:0
    7 root      rt   0       0      0      0 S   0.0  0.0   0:03.25 migration/0
    8 root      20   0       0      0      0 S   0.0  0.0   0:00.00 rcu_bh
    9 root      20   0       0      0      0 S   0.0  0.0   0:17.31 rcu_sched
   10 root       0 -20       0      0      0 S   0.0  0.0   0:00.00 lru-add-drain
   11 root      rt   0       0      0      0 S   0.0  0.0   0:02.66 watchdog/0
   12 root      rt   0       0      0      0 S   0.0  0.0   0:03.02 watchdog/1
   13 root      rt   0       0      0      0 S   0.0  0.0   0:03.84 migration/1
   15 root      20   0       0      0      0 S   0.0  0.0   0:08.20 kworker/1:0
   16 root       0 -20       0      0      0 S   0.0  0.0   0:00.00 kworker/1:0H
   19 root      20   0       0      0      0 S   0.0  0.0   0:00.00 kdevtmpfs
   20 root       0 -20       0      0      0 S   0.0  0.0   0:00.00 netns
   21 root      20   0       0      0      0 S   0.0  0.0   0:00.00 khungtaskd
   22 root       0 -20       0      0      0 S   0.0  0.0   0:00.00 writeback
   23 root       0 -20       0      0      0 S   0.0  0.0   0:00.00 kintegrityd
   24 root       0 -20       0      0      0 S   0.0  0.0   0:00.00 bioset
   25 root       0 -20       0      0      0 S   0.0  0.0   0:00.00 bioset
   26 root       0 -20       0      0      0 S   0.0  0.0   0:00.00 bioset
   27 root       0 -20       0      0      0 S   0.0  0.0   0:00.00 kblockd
   28 root       0 -20       0      0      0 S   0.0  0.0   0:00.00 md
   29 root       0 -20       0      0      0 S   0.0  0.0   0:00.00 edac-poller
   30 root       0 -20       0      0      0 S   0.0  0.0   0:00.00 watchdogd
   35 root      20   0       0      0      0 S   0.0  0.0   0:01.63 kswapd0
   36 root      25   5       0      0      0 S   0.0  0.0   0:00.00 ksmd
```

图5-2-7 CPU性能分析-CPU-7

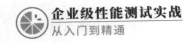

（2）执行“vmstat 1”命令，如下图。

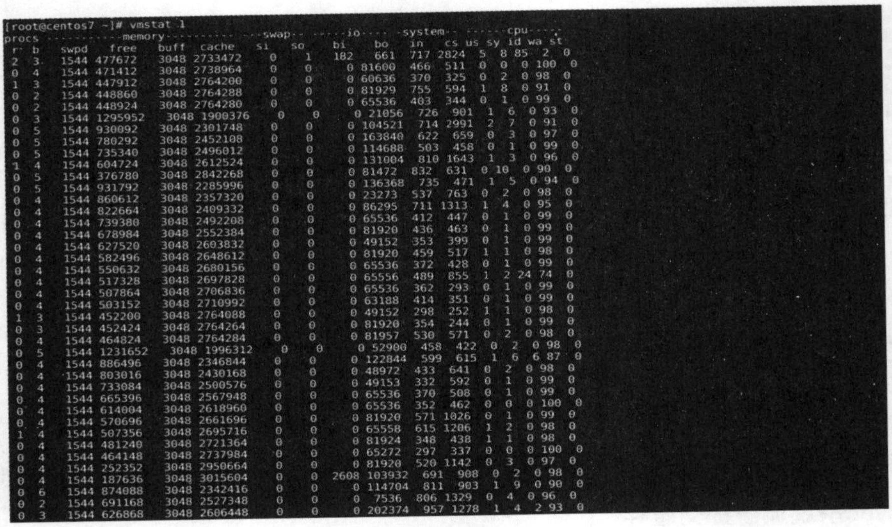

```
[root@centos7 ~]# vmstat 1
procs -----------memory---------- ---swap-- -----io---- -system-- ------cpu-----
 r  b   swpd   free   buff  cache   si   so    bi    bo   in   cs us sy id wa st
 2  3   1544 477672   3048 2733472    0    1   182   661  717 2824  5  8 85  2  0
 0  4   1544 471412   3048 2738964    0    0     0 81600  466  511  0  0  0 100  0
 1  3   1544 447912   3048 2764200    0    0     0 60636  370  325  0  2  0 98  0
 0  2   1544 448860   3048 2764288    0    0     0 81929  755  594  1  8  0 91  0
 0  2   1544 448924   3048 2764280    0    0     0 65536  403  344  0  1  0 99  0
 0  3   1544 1295952   3048 1900376    0    0     0 21056  726  901  1  6  0 93  0
 0  5   1544 930092   3048 2301748    0    0     0 104521  714 2991  2  7  0 91  0
 0  5   1544 780292   3048 2452108    0    0     0 163840  622  659  0  3  0 97  0
 0  5   1544 735340   3048 2496012    0    0     0 114688  503  458  0  1  0 99  0
 1  4   1544 604724   3048 2612524    0    0     0 131004  810 1643  1  3  0 96  0
 0  5   1544 376780   3048 2842268    0    0     0 81472  832  631  0 10  0 90  0
 0  5   1544 931792   3048 2285996    0    0     0 136368  735  471  1  5  0 94  0
 0  4   1544 860612   3048 2357320    0    0     0 23273  537  763  0  2  0 98  0
 0  4   1544 822664   3048 2409332    0    0     0 86295  711 1313  1  4  0 95  0
 0  4   1544 739380   3048 2492208    0    0     0 65536  412  447  0  1  0 99  0
 0  4   1544 678984   3048 2552384    0    0     0 81920  436  463  0  1  0 99  0
 0  4   1544 627520   3048 2603832    0    0     0 49152  353  399  0  1  0 99  0
 0  4   1544 582496   3048 2648612    0    0     0 81920  459  517  1  1  0 98  0
 0  4   1544 550632   3048 2680156    0    0     0 65536  372  428  0  1  0 99  0
 0  4   1544 517328   3048 2697828    0    0     0 65556  489  855  1  2 24 74  0
 0  4   1544 507864   3048 2706836    0    0     0 65536  362  293  0  1  0 99  0
 0  4   1544 503152   3048 2710992    0    0     0 63188  414  351  0  1  0 99  0
 1  3   1544 452200   3048 2764088    0    0     0 49152  298  252  1  1  0 98  0
 0  3   1544 452424   3048 2764264    0    0     0 81920  354  244  0  1  0 99  0
 0  4   1544 464824   3048 2764284    0    0     0 81957  530  571  0  2  0 98  0
 0  5   1544 1231652   3048 1996312    0    0     0 52900  458  422  0  2  0 98  0
 0  4   1544 886496   3048 2346844    0    0     0 122844  599  615  1  6  6 87  0
 0  4   1544 803016   3048 2430168    0    0     0 48972  433  641  0  2  0 98  0
 0  4   1544 733084   3048 2500576    0    0     0 49153  332  592  0  1  0 99  0
 0  4   1544 665396   3048 2567948    0    0     0 65536  370  508  0  1  0 99  0
 0  4   1544 614004   3048 2618960    0    0     0 65536  352  462  0  0  0 100  0
 0  4   1544 570696   3048 2661696    0    0     0 81920  571 1026  0  1  0 99  0
 1  4   1544 507356   3048 2695716    0    0     0 65558  615 1206  1  2  0 98  0
 0  4   1544 481240   3048 2721364    0    0     0 81924  348  438  1  1  0 98  0
 0  4   1544 464148   3048 2737984    0    0     0 65272  297  337  0  0  0 100  0
 0  4   1544 252352   3048 2950664    0    0     0 81920  520 1142  0  3  0 97  0
 0  4   1544 187636   3048 3015604    0    0  2608 103932  691  908  0  2  0 98  0
 0  6   1544 874088   3048 2342416    0    0     0 114704  811  903  1  9  0 90  0
 0  2   1544 691168   3048 2527348    0    0     0  7536  806 1329  0  4  0 96  0
 0  3   1544 626868   3048 2606448    0    0     0 202374  957 1278  1  4  2 93  0
```

图5-2-8 CPU性能分析-CPU-8

（3）执行“mpstat -P ALL 3”命令，如下图。

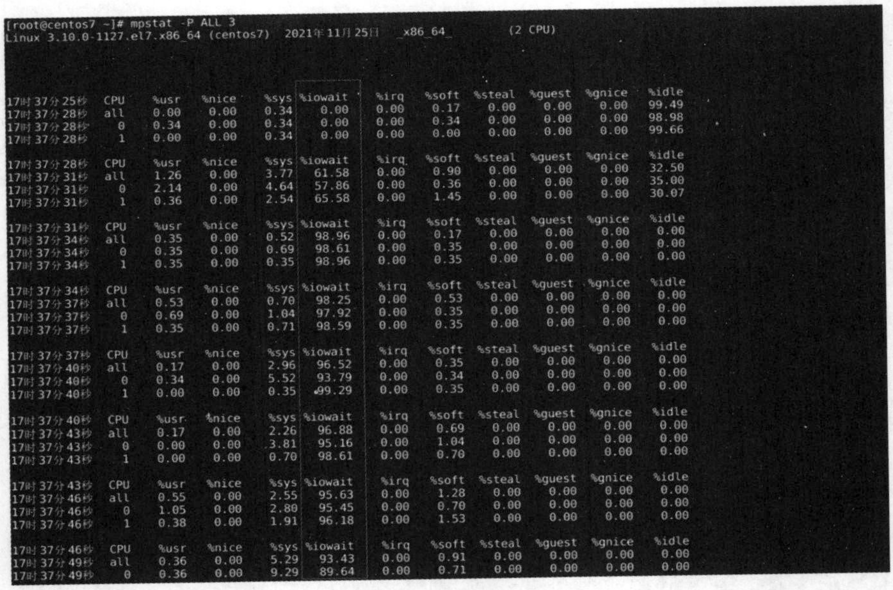

```
[root@centos7 ~]# mpstat -P ALL 3
Linux 3.10.0-1127.el7.x86_64 (centos7)  2021年11月25日  _x86_64_        (2 CPU)

17时37分25秒  CPU   %usr  %nice   %sys %iowait   %irq  %soft %steal %guest %gnice  %idle
17时37分28秒  all   0.00   0.00   0.34    0.00   0.00   0.17   0.00   0.00   0.00  99.49
17时37分28秒    0   0.34   0.00   0.34    0.00   0.00   0.34   0.00   0.00   0.00  98.98
17时37分28秒    1   0.00   0.00   0.34    0.00   0.00   0.00   0.00   0.00   0.00  99.66

17时37分28秒  CPU   %usr  %nice   %sys %iowait   %irq  %soft %steal %guest %gnice  %idle
17时37分31秒  all   1.26   0.00   3.77   61.58   0.00   0.90   0.00   0.00   0.00  32.50
17时37分31秒    0   2.14   0.00   4.64   57.86   0.00   0.36   0.00   0.00   0.00  35.00
17时37分31秒    1   0.36   0.00   2.54   65.58   0.00   1.45   0.00   0.00   0.00  30.07

17时37分31秒  CPU   %usr  %nice   %sys %iowait   %irq  %soft %steal %guest %gnice  %idle
17时37分34秒  all   0.35   0.00   0.52   98.96   0.00   0.17   0.00   0.00   0.00   0.00
17时37分34秒    0   0.35   0.00   0.69   98.61   0.00   0.35   0.00   0.00   0.00   0.00
17时37分34秒    1   0.35   0.00   0.35   98.96   0.00   0.35   0.00   0.00   0.00   0.00

17时37分34秒  CPU   %usr  %nice   %sys %iowait   %irq  %soft %steal %guest %gnice  %idle
17时37分37秒  all   0.53   0.00   0.70   98.25   0.00   0.53   0.00   0.00   0.00   0.00
17时37分37秒    0   0.69   0.00   1.04   97.92   0.00   0.35   0.00   0.00   0.00   0.00
17时37分37秒    1   0.35   0.00   0.71   98.59   0.00   0.35   0.00   0.00   0.00   0.00

17时37分37秒  CPU   %usr  %nice   %sys %iowait   %irq  %soft %steal %guest %gnice  %idle
17时37分40秒  all   0.17   0.00   2.96   96.52   0.00   0.35   0.00   0.00   0.00   0.00
17时37分40秒    0   0.34   0.00   5.52   93.79   0.00   0.34   0.00   0.00   0.00   0.00
17时37分40秒    1   0.00   0.00   0.35   99.29   0.00   0.35   0.00   0.00   0.00   0.00

17时37分40秒  CPU   %usr  %nice   %sys %iowait   %irq  %soft %steal %guest %gnice  %idle
17时37分43秒  all   0.17   0.00   2.26   96.88   0.00   0.69   0.00   0.00   0.00   0.00
17时37分43秒    0   0.00   0.00   3.81   95.16   0.00   1.04   0.00   0.00   0.00   0.00
17时37分43秒    1   0.00   0.00   0.70   98.61   0.00   0.70   0.00   0.00   0.00   0.00

17时37分43秒  CPU   %usr  %nice   %sys %iowait   %irq  %soft %steal %guest %gnice  %idle
17时37分46秒  all   0.55   0.00   2.55   95.63   0.00   1.28   0.00   0.00   0.00   0.00
17时37分46秒    0   1.05   0.00   2.80   95.45   0.00   0.70   0.00   0.00   0.00   0.00
17时37分46秒    1   0.38   0.00   1.91   96.18   0.00   1.53   0.00   0.00   0.00   0.00

17时37分46秒  CPU   %usr  %nice   %sys %iowait   %irq  %soft %steal %guest %gnice  %idle
17时37分49秒  all   0.36   0.00   5.29   93.43   0.00   0.91   0.00   0.00   0.00   0.00
17时37分49秒    0   0.36   0.00   9.29   89.64   0.00   0.71   0.00   0.00   0.00   0.00
```

图5-2-9 CPU性能分析-CPU-9

（4）执行“pidstat -w 1”命令，如下图。

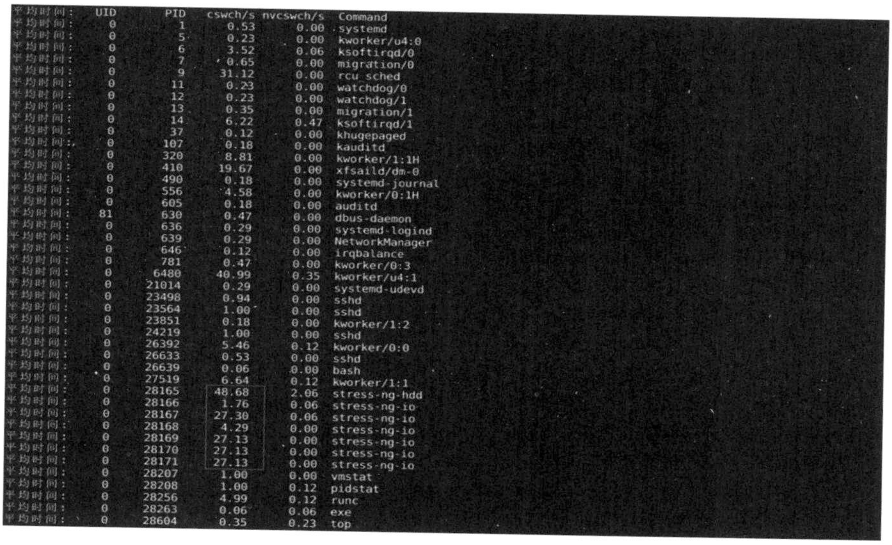

| 平均时间: | UID | PID | cswch/s | nvcswch/s | Command |
|---|---|---|---|---|---|
| 平均时间: | 0 | 1 | 0.53 | 0.00 | systemd |
| 平均时间: | 0 | 5 | 0.23 | 0.00 | kworker/u4:0 |
| 平均时间: | 0 | 6 | 3.52 | 0.06 | ksoftirqd/0 |
| 平均时间: | 0 | 7 | 0.65 | 0.00 | migration/0 |
| 平均时间: | 0 | 9 | 31.12 | 0.00 | rcu_sched |
| 平均时间: | 0 | 11 | 0.23 | 0.00 | watchdog/0 |
| 平均时间: | 0 | 12 | 0.23 | 0.00 | watchdog/1 |
| 平均时间: | 0 | 13 | 0.35 | 0.00 | migration/1 |
| 平均时间: | 0 | 14 | 6.22 | 0.47 | ksoftirqd/1 |
| 平均时间: | 0 | 37 | 0.12 | 0.00 | khugepaged |
| 平均时间: | 0 | 107 | 0.18 | 0.00 | kauditd |
| 平均时间: | 0 | 320 | 8.81 | 0.00 | kworker/1:1H |
| 平均时间: | 0 | 410 | 19.67 | 0.00 | xfsaild/dm-0 |
| 平均时间: | 0 | 490 | 0.18 | 0.00 | systemd-journal |
| 平均时间: | 0 | 556 | 4.58 | 0.00 | kworker/0:1H |
| 平均时间: | 0 | 605 | 0.18 | 0.00 | auditd |
| 平均时间: | 81 | 630 | 0.47 | 0.00 | dbus-daemon |
| 平均时间: | 0 | 636 | 0.29 | 0.00 | systemd-logind |
| 平均时间: | 0 | 639 | 0.29 | 0.00 | NetworkManager |
| 平均时间: | 0 | 646 | 0.12 | 0.00 | irqbalance |
| 平均时间: | 0 | 781 | 0.47 | 0.00 | kworker/0:3 |
| 平均时间: | 0 | 6480 | 40.99 | 0.35 | kworker/u4:1 |
| 平均时间: | 0 | 21014 | 0.29 | 0.00 | systemd-udevd |
| 平均时间: | 0 | 23498 | 0.94 | 0.00 | sshd |
| 平均时间: | 0 | 23564 | 1.00 | 0.00 | sshd |
| 平均时间: | 0 | 23851 | 0.18 | 0.00 | kworker/1:2 |
| 平均时间: | 0 | 24219 | 1.00 | 0.00 | sshd |
| 平均时间: | 0 | 26392 | 5.46 | 0.12 | kworker/0:0 |
| 平均时间: | 0 | 26633 | 0.53 | 0.00 | sshd |
| 平均时间: | 0 | 26639 | 0.06 | 0.00 | bash |
| 平均时间: | 0 | 27519 | 6.64 | 0.12 | kworker/1:1 |
| 平均时间: | 0 | 28165 | 48.68 | 2.06 | stress-ng-hdd |
| 平均时间: | 0 | 28166 | 1.76 | 0.06 | stress-ng-io |
| 平均时间: | 0 | 28167 | 27.30 | 0.06 | stress-ng-io |
| 平均时间: | 0 | 28168 | 4.29 | 0.00 | stress-ng-io |
| 平均时间: | 0 | 28169 | 27.13 | 0.00 | stress-ng-io |
| 平均时间: | 0 | 28170 | 27.13 | 0.00 | stress-ng-io |
| 平均时间: | 0 | 28171 | 27.13 | 0.00 | stress-ng-io |
| 平均时间: | 0 | 28207 | 1.00 | 0.00 | vmstat |
| 平均时间: | 0 | 28208 | 1.00 | 0.12 | pidstat |
| 平均时间: | 0 | 28256 | 4.99 | 0.12 | runc |
| 平均时间: | 0 | 28263 | 0.06 | 0.06 | exe |
| 平均时间: | 0 | 28604 | 0.35 | 0.23 | top |

图5-2-10 CPU性能分析-CPU-10

分析结论如下。

•top：load 值升高，CPU 的 wa 值很大，freeMem 变小，buff/cache 值增大。

• vmstat：memory 的 free 变小，buff 基本不变，cache 变大；io 的 bo 值非常大；CPU 的 in、cs 也都变大。

• mpstat：%iowait 变得很大。

• pidstat：cswch/s 自愿上下文切换，非常大。

即企业项目中如果出现高频率的磁盘读写 IO，也会导致系统负载升高，此时 CPU 的总使用率主要是由 wa 高所导致，应该去优化项目的读写代码。

# ◎ 5.3 内存性能测试

## 5.3.1 什么是内存

内存（memory），又叫主存，是计算机中 CPU 和其他设备之间沟通的桥梁，主要用来临时存放数据，配合 CPU 工作。磁盘、外设、网络等数据都要先进入 CPU，都要先进入内存，因为他们的速度相比 CPU，度要慢很多。把数据临时存放在内存中，可以缓解因为速度不匹配带来的问题。内存由内存地址和内存单元两个部分组成，内存地址标识数据存放位置，内存单元才真正存放数据。

目前市面上大部分企业都把 java 做为开发项目或者产品的首选语言，因此我们很有必要了解下 Java 虚拟机（Java Virtual Machine 简称 JVM，是运行所有 Java 程序的抽象计算机，是 Java 程序的运行环境）的运行原理，尤其对于从事性能测试工作的技术人员来说，不了解 JVM 的内存构成，根本就无法做 JVM 内存问题的性能分析、定位以及调优。

Java 的 JVM 主要由程序计数器、java 虚拟机栈、方法区、栈内存、堆内存等组成。

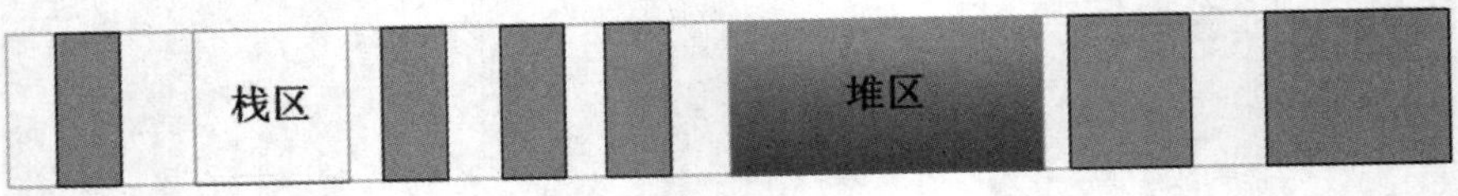


图5-3-1 内存性能测试-memory-1

表5-3-1 JVM组成

| JVM | 用途 |
| --- | --- |
| 程序计数器 | 程序执行字节码的行号指示器 |
| Java 虚拟机栈 | Java 方法执行的内存模型，我们经常看到的 StackOverflowError，就是线程请求的栈深度大于虚拟机运行的最大深度，OutOfMemoryError，是栈在动态扩展时，由于无法申请到足够的内容空间而报的错误，就是俗称的 OOM 堆栈溢出 |
| 方法区 | 共享内存区域，存储已被虚拟机加载的数据 |
| 栈内存 | 存储局部变量，变量有一定的作用域，离开作用域，空间就会被释放，所以生命周期很短，更新速度非常快 |
| 堆内存 | 存储数组和对象，凡是通过 Java 的 new 关键字创建出来的对象都保存在堆中，如果对象没有再被引用了，该对象对应的堆空间才会被释放 |

堆内存又细分为：新生代、年老代、永久代（或叫“元空间”）。新生代 new，生命周期很短，数据用完了空间就释放；年老代 Tenured，用于存放大对象或经过多次 GC（资源回收）之后还存活的对象；永久代 Perm，存放类信息、常量、静态变量。

图5-3-2 内存性能测试-memory-2

新生代又分为：Eden 区、Survivor1 区、Survivor2 区。Eden 区中，存放 jvm 刚分配的对象；Survivor 区，两个空间大小一致；Eden 区中未被 GC 回收的对象，就会在两个 survivor 区中来回拷贝，默认被拷贝超过 15 次就判断数据对象后续还会使用，就会把数据对象移入 Tenured 年老代区间。

虚拟内存中用链表来记录每种数据类型，用页表来记录每种类型数据在内存中的起始和结束位置，程序在 CPU 中运算时需要某种类型数据，就先通过虚拟内存找到对应数据类型的起始位置和偏移量，然后去内存中对应地址获取数据，这样就实现了内存数据与 CPU 数据的交换。

做性能测试时，如果遇到的是 Java 语言编写的项目，项目在内存中申请的空间总大小以及各种类型数据之间的配比非常关键，申请的总空间太小导致 JVM 大小不够，则 JVM 无法存放足够的数据，性能就会比较差；申请的内存空间各种类型数据配比不合理就可能导致频繁 GC（资源回收），也会导致性能较差，因此 Java 项目性能的关键就是 JVM 参数配置。

表5-3-2　JVM参数概念解释

| 参数 | 含义 |
| --- | --- |
| -Xms | 初始堆大小 |
| -Xmx | 最大堆空间 |
| -Xmn | 新生代大小 |
| -Xss | 栈大小 |
| -XX:SurivivorRatio | 新生代 Eden 空间、from 空间、to 空间的比例关系 |
| -XX:PermSize | 方法区初始大小 |
| -XX:MaxPermSize | 方法区最大值 |
| -XX:MetaspaceSize | 元空间 GC 阈值 |
| -XX:MaxMetaspaceSize | 最大元空间大小 |
| -XX:MaxDirectMemorySize | 直接内存大小，默认为最大堆空间 |

不同项目的 JVM 参数配置都不一样，同一个项目不同阶段它的参数配置值也可能不一样，它不是固定不变的，而是要根据性能测试结果分析去灵活调整。设定了一组配置参数，在项目运行过程中，当某一类空间不够用或运行了一个固定时长时，就会触发 GC 进行资源回收和释放空间，从而实现有限空间再利用。GC 又分为 YGC 和 FGC，YGC（Minor GC）是对新生代（Young Generation）的 Eden 区进行资源回收，FGC（Major GC）是对新生代、老年代以及元空间进行回收。一般而言 YGC 的时间在几十毫秒以内，而 FGC 则可能在几百毫秒甚至更长。虽然每次 GC 都会导致程序短暂卡顿，但 GC 又必须进行从而让内存空间得到重复利用，所以只能期望 GC 的总时长越短越好，想要合理的配置 JVM 的各项参数，就需要不断地性能测试，后面有章节会详细介绍 JVM 性能优化的实战怎么做。

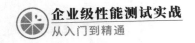

更多课后阅读请扫码获取。

扫一扫，直接在手机上打开

图5-3-3 拓展阅读

### 5.3.2 Linux命令查看内存

查看内存的使用情况，我们可以通过 free -h 或 top 命令。

```
[root@centos7 ~]# free -h
              total        used        free      shared  buff/cache   available
Mem:           1.8G        192M        1.4G        8.6M        252M        1.5G
Swap:          2.0G          0B        2.0G
[root@centos7 ~]# 
```

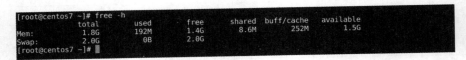

图5-3-4 内存性能测试-memory-4

free -h 的结果分析：

**表5-3-3 内存区分**

| Mem | 物理内存。 |
|---|---|
| Swap | 交换分区，一种虚拟内存，由磁盘虚拟化而来，存在于内存和磁盘之间，当内存剩余空间不够用时可以用来临时存放内存中的数据，从而实现内存可以存放更多数据。 |

结果中各列数值的含义：

**表5-3-4 内存结果分析**

| total | 合计，总计内存的大小 |
|---|---|
| used | 已使用内存的大小 |
| free | 可用的内存大小 |
| shared | 多个进程共享的内存总额 |
| buff/cache | 磁盘的缓存大小 |
| available | 可以被新应用程序使用的内存大小 |

top 的结果分析：

结果显示了当前系统正在执行的进程的相关信息，包括进程 ID、内存占用率、CPU 占用率等。

图5-3-5 内存性能测试-memory-5

结果中各列数值的含义：

表5-3-5 top结果分析

| 数值 | 解释 |
| --- | --- |
| VIRT | 虚拟内存使用量 VIRT = SWAP + RES |
| SWAP | 虚拟内存中被换出的大小 |
| RES | 物理内存使用量 + 未换出的虚拟内存大小，RES=CODE + DATA |
| CODE | 代码占用的物理内存大小 |
| DATA | 代码之外的部分占用的物理内存大小 |
| SHR | 共享内存使用量 |
| %MEM | 使用的物理内存占总内存的比率 |

## 5.3.3 内存性能测试实战

本小节的内存性能测试实战包含内存溢出、内存泄漏两个场景。

| 内存溢出<br>（Out Of Memory） | 程序运行过程中，需要申请资源来存储新对象时，申请的空间大于剩余可用空间，此时就出现了内存溢出，就是平常说的 OOM 报错 |
| --- | --- |
| 内存泄漏<br>（Memory Leak） | 程序在启动时申请了一段内存空间，但是在使用过程中，出现占用有限的内存空间而不释放，导致可用的内存空间越来越少的现象。memory leak 最终会导致 out of memory |

常见的 OOM 有三种，分别对应的 Java 错误如下：

| java.lang.OutOfMemoryError | Java heap space 堆内存溢出，此种情况最常见，一般由于内存泄漏或者堆的大小设置不当引起。对于内存泄漏，需要通过内存监控软件查找程序中的泄露代码，而堆大小可以通过虚拟机参数 -Xms,-Xmx 等修改 |
| --- | --- |
| java.lang.OutOfMemoryError | PermGen space 永久代溢出，即方法区溢出了，一般出现于大量 Class 或者 jsp 页面，或者采用 cglib 等反射机制的情况，因为上述情况会产生大量的 Class 信息存储于方法区。此种情况可以通过更改方法区的大小来解决，使用类似 -XX:PermSize=64m -XX:MaxPermSize=256m 的形式修改。另外过多的常量尤其是字符串也会导致方法区溢出 |
| java.lang.StackOverflowError | 不会抛 OOM error，但也是比较常见的 Java 内存溢出。JAVA 虚拟机栈溢出，一般是由于程序中存在死循环或者深度递归调用造成的，栈大小设置太小也会出现此种溢出。可以通过虚拟机参数 -Xss 来设置栈的大小 |

【实战环境部署】

步骤：

（1）准备一台 linux 机器，安装好 jdk1.8；

（2）在 /opt 路径下，解压 tomcat 包；

（3）将 JvmPertest.war（内存专项性能测试包上传到 tomcat 的 webapps 文件夹；

（4）启动 tomcat。

【性能测试与结果分析】

1. 测试步骤

（1）使用 jmeter 编写 http 协议的接口测试脚本：

| 接口请求方法 | GET |
|---|---|
| 接口地址 | http://ip:8080/JvmPertest/pertest1 |

（2）设计性能场景，进行性能测试。

2. 结果分析

（1）获取程序运行时内存信息

a. 使用 jmap 获取程序运行时内存：JDK8 引入了任务控制，运行记录和诊断 JVM 和 java 应用程序问题的工具 jmap。该工具打印指定进程、核心文件、远程调用服务器的共享对象内存映射或堆内存的详细信息。

```
[root@centos7 ~]# jmap --help
Usage:
    jmap [option] <pid>
        (to connect to running process)
    jmap [option] <executable <core>
        (to connect to a core file)
    jmap [option] [server_id@]<remote server IP or hostname>
        (to connect to remote debug server)

where <option> is one of:
    <none>               to print same info as Solaris pmap
    -heap                to print java heap summary
    -histo[:live]        to print histogram of java object heap; if the "live"
                         suboption is specified, only count live objects
    -clstats             to print class loader statistics
    -finalizerinfo       to print information on objects awaiting finalization
    -dump:<dump-options> to dump java heap in hprof binary format
                         dump-options:
                           live         dump only live objects; if not specified,
                                        all objects in the heap are dumped.
                           format=b     binary format
                           file=<file>  dump heap to <file>
                         Example: jmap -dump:live,format=b,file=heap.bin <pid>
    -F                   force. Use with -dump:<dump-options> <pid> or -histo
                         to force a heap dump or histogram when <pid> does not
                         respond. The "live" suboption is not supported
                         in this mode.
    -h | -help           to print this help message
    -J<flag>             to pass <flag> directly to the runtime system
[root@centos7 ~]#
```

图5-3-6 内存性能测试-memory-6

表5-3-5　参数解析

| 选项 | 用法 |
|---|---|
| ⟨none⟩ | 无选项 将打印共享对象映射。对于目标 JVM 中加载的每个共享对象，将打印开始地址、映射大小和共享对象文件的完整路径 |
| -dump | 生成 java 堆栈的快照信息 |
| -heap | 显示 java 堆详细信息，使用哪种回收期、参数配置、分代情况 |
| -histo[:live] | 打印堆的直方图。对于每个 Java 类，将打印对象数、内存大小（以字节为单位）和完全限定的类名 |
| -finalizerinfo | 打印有关等待最终完成的对象的信息 |
| -clstats | 打印类加载器对 Java 堆的明智统计信息。将打印每个类加载程序的名称、活动状态、地址、父类加载程序及已加载的类的数量和大小 |
| -F | 当 pid 不响应时 可以和 -dump 或 -histro 一起使用 |

"jmap -F -dump:format=b,file= 文件名 .bin 进程 id" 通过这个命令，可以获取指定进程的堆栈信息到 bin 文件中，这种方式是一种比较传统的方法，但这种方法生成的 bin 文件时间很长。

b. 使用 arthas 获取程序运行时内存：Arthas 是阿里开源的一款 java 诊断工具，具体用法如下。

• 在待分析的 jvm 项目机器上执行 "curl -O https://arthas.aliyun.com/arthas-boot.jar" 下载 arthas。

• 执行 "java -jar arthas-boot.jar"，启动 arthas。

• arthas 启动界面中会显示出所有 java 进程 id，输入序号后可进入进程监控页面，进入 arthas 的监控之后，执行 "dashboard" 可以查看基本信息，使用 "heapdump" 可以下载堆栈信息。

更多课后阅读请扫码获取。

扫一扫，直接在手机上打开

图5-3-7 内存性能测试-arthas-拓展阅读1

扫一扫，直接在手机上打开

图 5-3-8 内存性能测试-arthas-拓展阅读2

(2) 对内存信息进行分析

jmap 和 arthas 生成的堆栈数据文件都比较大，因此最好是借助专业的工具来进行分析，比较主流的工具有 MemoryAnalyzer，简称 MAT，这个工具安装起来也非常简单，详细步骤如下。

• 下载 MemoryAnalyzer-1.8.1 包并解压。

注意：MemoryAnalyzer 有软件包，也有开发工具插件版本。软件包只支持 windows 系统，mac 系统下请使用 java 编码工具的插件版。

• 双击"MemoryAnalyzer.exe"启动软件。

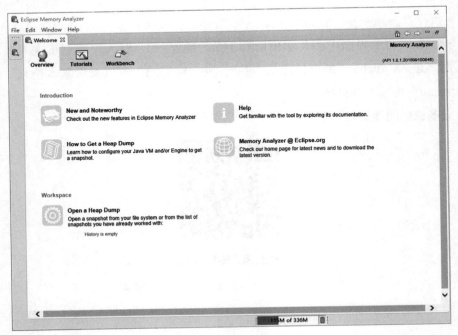

图 5-3-9 内存性能测试-mat-1

· 点击"File>Open Heap Dump..."选择上一步生成的 prof 或 bin 文件，待自动分析结束时，点击"Finish"。

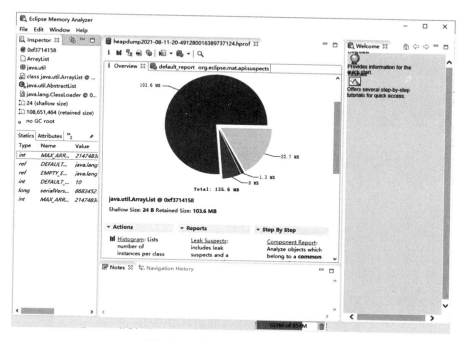

图5-3-10 内存性能测试-mat-2

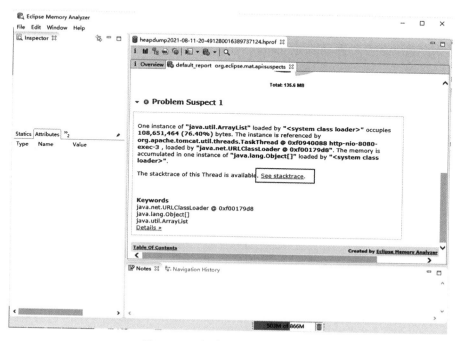

图5-3-11 内存性能测试-mat-3

• 点击"see stacktrace"。

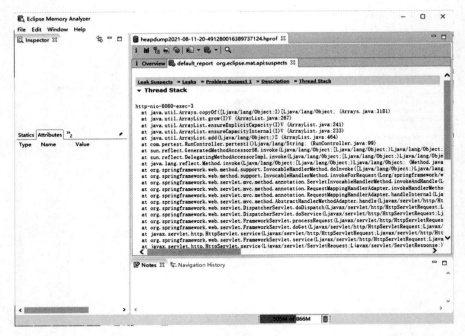

图5-3-12 内存性能测试-mat-4

通过上图可以看到比较详细的信息，接下来就可以基于这些信息做进一步分析。

内存分析除了上面这种直接获取堆栈信息来实现之外，还可以通过 gc 资源回收信息来分析。关于如何获取 gc 信息，可以使用如下三种方法。

（1）方法一：在 jvm 配置信息中，添加打印 GC 信息的配置。

在堆栈配置文件中配置 JAVA_OPTS="-XX:+PrintGC -XX:+PrintGCDetails -XX:+PrintGCTimeStamps -XX:+PrintGCApplicationStoppedTime -Xloggc:gc.log"，这个配置的作用说明如下。

| PrintGC | 打印 gc 信息 |
|---|---|
| PrintGCDetails | 打印 gc 详细信息 |
| PrintGCTimestamps | 打印 gc 消耗的时间 |
| PrintGCApplicationStopedTime | 打印 gc 造成的应用暂停时长 |
| Xloggc | 指定 gc 的日志路径 |

配置后的效果如下所示。

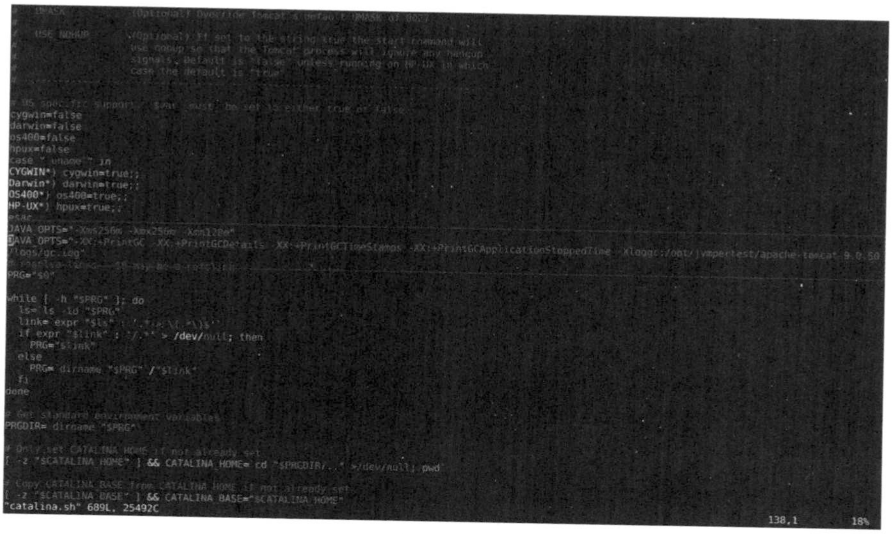

图5-3-13 内存性能测试-gc-1

按照上述参数进行配置后，运行程序就能在日志里面看到对应的详细信息了，如下图所示（读者需注意："#"标记的信息是注释，适用于全书）。

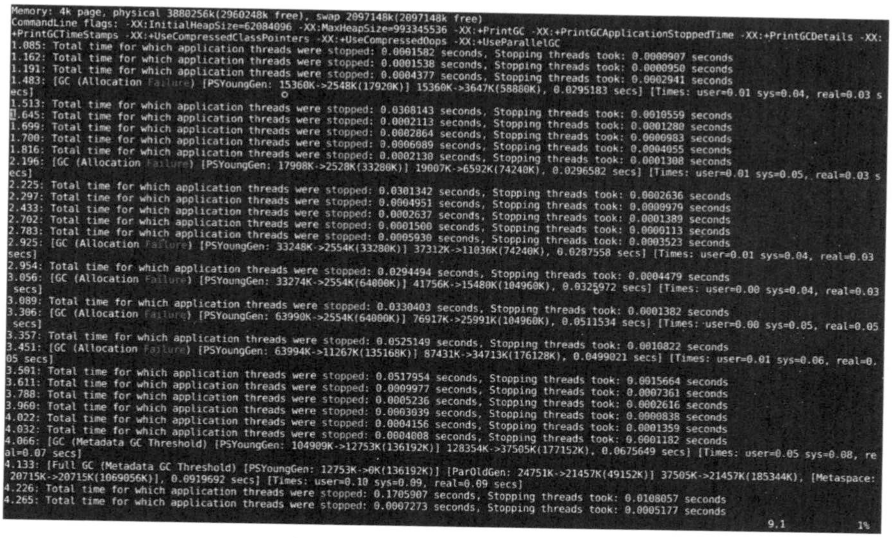

图5-3-14 内存性能测试-gc-2

```
1.483: [GC (Allocation Failure) [PSYoungGen: 15360K->2548K(17920K)]
15360K->3647K(58880K), 0.0295183 secs]
[Times: user=0.01 sys=0.04, real=0.03 secs]
# 这种就是 PrintGC 打印的信息 [PSYoungGen: 15360K->2548K(17920K)]
PSYoungGen: gc 类型
```

# 说明是 ygc；15360K：YoungGC 前新生代的内存大小；

# 2548K：YoungGC 后新生代的内存大小；（17920K）：新生代的总大小；

# 15360K->3647K（58880K）15360K：YoungGC 前 JVM 堆内存大小；3647K：YoungGC后 JVM 堆内存使用量；

# （58880K）：JVM 堆总大小

# 0.0295183 secs YoungGC 消耗的时间

# [Times: user=0.01 sys=0.04，real=0.03 secs] user=0.01：YoungGC 时用户态 CPU 耗时；

# sys=0.04：YoungGC 时内核态 CPU 耗时；real=0.03 secs：YoungGC 实际耗时， 单位秒

# 可以看出，YGC 的时间大概是小几十毫秒


4.133：[FullGC（MetadataGCThreshold）[PSYoungGen：12753K->0K(136192K)] [ParOldGen: 24751K- > 21457K（49152K）]37505K->21457K（185344K），[Metaspace：20715K->20715K(1069056K)]，0.0919692 secs] [Times: user=0.10 sys=0.09，real=0.09 secs]

# Full GC：FGC，从日志中看，有YoungGen新生代和 ParOldGen 老年代、Metaspace 元空间（永久代），

# 再次证明，FGC 的时候，同时会回收新生代的资源。

# [PSYoungGen：12753K->0K(136192K)] YoungGC，young 区：GC 前 young 区的内存大小 -> GC 后 young 区内存大小（Young 区总大小）

# [ParOldGen: 24751K->21457K（49152K）] 37505K->21457K（185344K）....0.0919692 secs]

# FGC old区：GC前old区的内存大小 -> GC后old区内存使用大小（old区总大小）

# GC 前堆大小 -> GC 后堆大小（old 区堆总大小）.... FGC 总耗时

# [Metaspace：20715K->20715K(1069056K)] 元空间 GC 前元空间大小 -> GC 后元空间大小（元空总大小）

# [Times: user=0.10 sys=0.09, real=0.09 secs] GC 的耗时详情

# 可以看出，FGC 的时间，大概是大几十毫秒到几百毫秒，相比 YGC 要长很多。

2.225: Total time for which application threads were stopped: 0.0301342seconds, Stopping threads took: 0.0002636 seconds

2.297: Total time for which application threads were stopped: 0.0004951 seconds, Stopping threads took: 0.0000979 seconds

2.433: Total time for which application threads were stopped: 0.0002637 seconds, Stopping threads took: 0.0001389 seconds

2.702: Total time for which application threads were stopped: 0.0001500 seconds, Stopping threads took: 0.0000113 seconds

2.783: Total time for which application threads were stopped: 0.0005930 seconds, Stopping threads took: 0.0003523 seconds

# 这就是 PrintGCApplicationStopedTime 的详细信息
# 从这个，我们可以看到，在进行资源回收的时候，是有些线程被停止了，杀掉这些线程需要时间，同时，也造成了程序的卡顿， 这也是为什么 gc 会导致程序卡顿的原因

使用 http://gceasy.io 网站来分析，可形成图形报告，如下面截图所示。

## ⊙ GC Statistics ❓

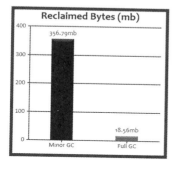
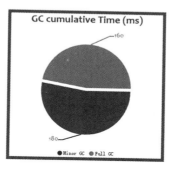
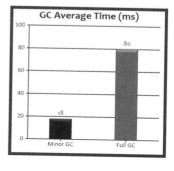

Total GC stats

| | |
| --- | --- |
| Total GC count | 12 |
| Total reclaimed bytes | 375.36 mb |
| Total GC time | 340 ms |
| Avg GC time | 28.3 ms |
| GC avg time std dev | 28.2 ms |
| GC min/max time | 0 / 110 ms |
| GC Interval avg time | 325 ms |

Minor GC stats

| | |
| --- | --- |
| Minor GC count | 10 |
| Minor GC reclaimed | 356.79 mb |
| Minor GC total time | 180 ms |
| Minor GC avg time | 18.0 ms |
| Minor GC avg time std dev | 11.7 ms |
| Minor GC min/max time | 0 / 40.0 ms |
| Minor GC Interval avg | 394 ms |

Full GC stats

| | |
| --- | --- |
| Full GC Count | 2 |
| Full GC reclaimed | 18.56 mb |
| Full GC total time | 160 ms |
| Full GC avg time | 80.0 ms |
| Full GC avg time std dev | 30.0 ms |
| Full GC min/max time | 50.0 ms / 110 ms |
| Full GC Interval avg | 2 sec |

GC Pause Statistics

| | |
| --- | --- |
| Pause Count | 12 |
| Pause total time | 340 ms |
| Pause avg time | 28.3 ms |
| Pause avg time std dev | 0.0 |
| Pause min/max time | 0 / 110 ms |

图5-3-15 内存性能测试-gc-3

如果是微服务，在启动命令中增加 JAVA_OPTS="-XX:+PrintGC -XX:+PrintGCDetails -XX:+PrintGCTimeStamps -XX:+PrintGCApplicationStoppedTime -Xloggc:gc.log" 这一段，那么程序运行期间，也同样可以看到上面那些 GC 信息。

（2）方法二：使用 jstat 命令实时查看 GC 统计数据；使用 jstat 来统计某个进程的 gc 信息。

执行："jstat -gcutil pid 10000"（pid 为被查看进程 id，10000 代表间隔 1 万毫秒统计一次数据，因为 gc 本身就会特别频繁，间隔时间太短没有意义。）

执行完成后可以看到相关信息，如截图所示。

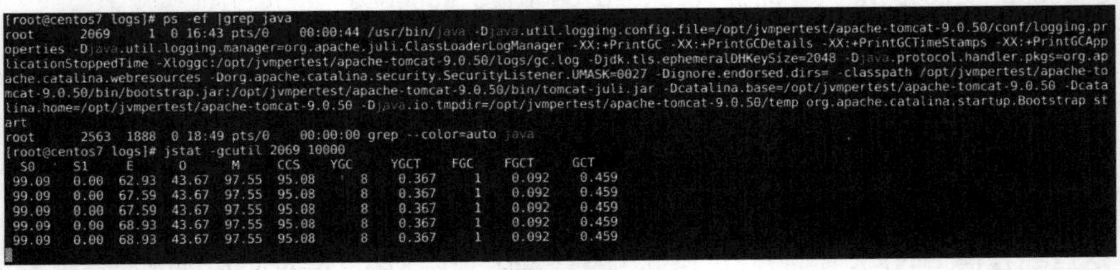

```
[root@centos7 logs]# ps -ef |grep java
root      2069     1  0 16:43 pts/0    00:00:44 /usr/bin/java -Djava.util.logging.config.file=/opt/jvmpertest/apache-tomcat-9.0.50/conf/logging.pr
operties -Djava.util.logging.manager=org.apache.juli.ClassLoaderLogManager -XX:+PrintGC -XX:+PrintGCDetails -XX:+PrintGCTimeStamps -XX:+PrintGCApp
licationStoppedTime -Xloggc:/opt/jvmpertest/apache-tomcat-9.0.50/logs/gc.log -Djdk.tls.ephemeralDHKeySize=2048 -Djava.protocol.handler.pkgs=org.ap
ache.catalina.webresources -Dorg.apache.catalina.security.SecurityListener.UMASK=0027 -Dignore.endorsed.dirs= -classpath /opt/jvmpertest/apache-to
mcat-9.0.50/bin/bootstrap.jar:/opt/jvmpertest/apache-tomcat-9.0.50/bin/tomcat-juli.jar -Dcatalina.base=/opt/jvmpertest/apache-tomcat-9.0.50 -Dcata
lina.home=/opt/jvmpertest/apache-tomcat-9.0.50 -Djava.io.tmpdir=/opt/jvmpertest/apache-tomcat-9.0.50/temp org.apache.catalina.startup.Bootstrap st
art
root      2563  1888  0 18:49 pts/0    00:00:00 grep --color=auto java
[root@centos7 logs]# jstat -gcutil 2069 10000
  S0     S1     E      O      M     CCS    YGC     YGCT    FGC    FGCT     GCT
 99.09   0.00  62.93  43.67  97.55  95.08      8    0.367     1    0.092    0.459
 99.09   0.00  67.59  43.67  97.55  95.08      8    0.367     1    0.092    0.459
 99.09   0.00  67.59  43.67  97.55  95.08      8    0.367     1    0.092    0.459
 99.09   0.00  68.93  43.67  97.55  95.08      8    0.367     1    0.092    0.459
 99.09   0.00  68.93  43.67  97.55  95.08      8    0.367     1    0.092    0.459
```

图5-3-16 内存性能测试-gc-4

上述 gc 结果列各字段的说明如下。

**表5-3-3　各列意思**

| 项 | 意思 | 项 | 意思 |
|---|---|---|---|
| S0 | 新生代 susvivor0 区 | S1 | 新生代 susvivor1 区 |
| E | 新生代 eden 区 | O | 老年代 |
| M | 方法区回收比例 | CCS | 类空间回收比例 |
| YGC | minor gc 次数 | YGCT | minor gc 耗费的时间 |
| FGC | Full gc 的次数 | FGCT | Full gc 的耗时 |
| GCT | gc 总耗时 | | |

想要掌握更多 jstat 命令选项的用法，可以参照下面的参数说明表。

**表5-3-4　jstat命令选项参数说明**

| 参数 | 说明 |
|---|---|
| -class | 监视类装载、卸载数量、总空间以及类装载所耗费的时间。 |
| -gc | 监视 java 堆状况，包括 eden 区、survivor 区、老年代、元空间的容量、已用空间、GC 时间合计等信息。 |
| -gccapacity | 监控内容与 -gc 基本相同，主要关注 Java 堆各个区域使用到的最大、最小空间。 |
| -gcutil | 监视内容与 -gc 基本相同，但输出主要关注已使用空间占总空间的百分比。 |
| -gccause | 与 -gcutil 功能一样，但是会额外输出导致上一次 GC 产生的原因。 |

| 参数 | 说明 |
|---|---|
| -gcnew | 监视新生代 GC 状况。 |
| -gcnewcapacity | 监视内容与 -gcnew 基本相同，输出主要关注使用到的最大、最小空间。 |
| -gcold | 监视老年代 GC 状况。 |
| -gcoldcapacity | 监视内容与 -gcold 基本相同，输出主要关注使用到的最大、最小空间。 |
| -gcpermcapacity | 输出永久代使用到的最大、最小空间。 |
| -compiler | 输出 JIT 编译器编译过的方法、耗时信息。 |
| -printcompliation | 输出已经被 JIT 编译的方法。 |
| -t | 参数表示输出时间戳。 |
| -h | 参数表示在多少行后输出一个表头。 |
| vmid | 则是虚拟机的进程ID、interval 和 count 表示输出间隔以及输出次数。 |
| interval | 间隔时长。 |
| count | 统计次数。 |

（3）方法三：使用 jconsole 图形界面查看。

jdk 自带的内存分析工具有图形界面，可以查看 jvm 内存信息、线程信息、类加载信息、MBean 信息。操作方法：首先启动一个 java 进程，使用"ps -ef |grep java"命令获取到刚启动的进程 id。然后执行"jconsole 进程 id"命令，这样会打开一个图像界面窗口，确认连接后，就能看到内存监控信息，如下所示。

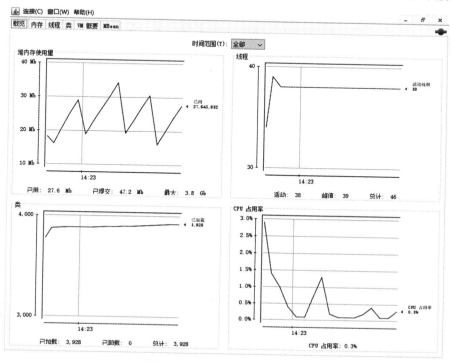

图5-3-17 内存性能测试-gc-5

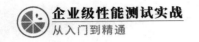

上述三种方法都是内存分析中常用的方法，建议大家都掌握。

# ◎ 5.4 磁盘性能分析

### 5.4.1 什么是磁盘

磁盘是计算机主要的存储介质，可以存储大量的二进制数据，并且断电后也能保持数据不丢失。早期计算机使用的磁盘是软磁盘（Floppy Disk，简称软盘），如今常用的磁盘是硬磁盘（Hard disk，简称硬盘）。磁盘是服务器中最大的存储设备，但是它的速度却是服务器中最慢的。

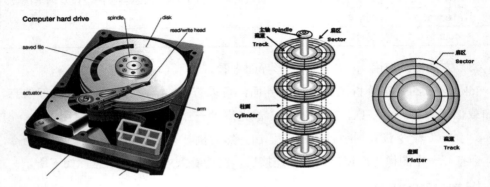

图5-4-1 磁盘性能分析-disk-1

对磁盘数据进行读写操作时，机械臂在高速旋转的磁盘上进行来回移动，磁头通过磁性的差异读写数据。磁盘在使用前一般都会进行格式化，格式化磁盘能提升磁盘数据的读写速度，windows 系统磁盘格式化一般采用 NTFS，而 linux 系统一般采用 ext4。

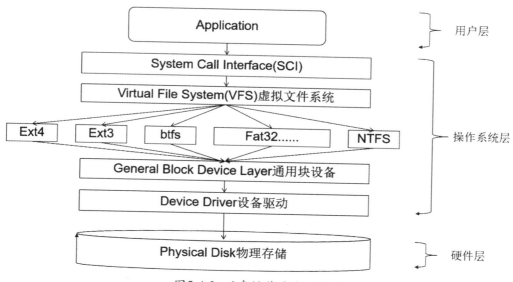

图5-4-2 磁盘性能分析-disk-2

一个应用 Application 需要进行磁盘操作时，CPU 的用户态就会调用 SCI，CPU 的内核态就会调用虚拟文件系统 NFS，虚拟文件系统可以对不同格式化的磁盘数据进行读写操作，从而实现应用程序完全不用关心磁盘的格式化差异。如果读写操作的数据在磁盘上，就会调用通用块设备执行设备驱动，对底层的物理存储进行数据操作。

### 5.4.2 如何查看磁盘信息

windows 如何查看磁盘信息此处不做介绍，这里重点讲一下 linux 系统下如何查看磁盘信息。具体做法：linux 终端输入 "fdisk -l" 命令，既可以看到下面的磁盘信息：

```
[root@centos7 ~]# fdisk -l
磁盘 /dev/sda: 53.7 GB, 53687091200 字节, 104857600 个扇区
Units = 扇区 of 1 * 512 = 512 bytes
扇区大小(逻辑/物理): 512 字节 / 512 字节
I/O 大小(最小/最佳): 512 字节 / 512 字节
磁盘标签类型: dos
磁盘标识符: 0x000c94d9

   设备 Boot      Start         End      Blocks   Id  System
/dev/sda1   *      2048     2099199     1048576   83  Linux
/dev/sda2       2099200   104857599    51379200   8e  Linux LVM

磁盘 /dev/sdb: 42.9 GB, 42949672960 字节, 83886080 个扇区
Units = 扇区 of 1 * 512 = 512 bytes
扇区大小(逻辑/物理): 512 字节 / 512 字节
I/O 大小(最小/最佳): 512 字节 / 512 字节
磁盘标签类型: dos
磁盘标识符: 0xf069a3ca

   设备 Boot      Start         End      Blocks   Id  System
/dev/sdb1          2048    83886079    41942016   83  Linux

磁盘 /dev/mapper/centos-root: 50.5 GB, 50457477120 字节, 98549760 个扇区
Units = 扇区 of 1 * 512 = 512 bytes
扇区大小(逻辑/物理): 512 字节 / 512 字节
I/O 大小(最小/最佳): 512 字节 / 512 字节


磁盘 /dev/mapper/centos-swap: 2147 MB, 2147483648 字节, 4194304 个扇区
Units = 扇区 of 1 * 512 = 512 bytes
扇区大小(逻辑/物理): 512 字节 / 512 字节
I/O 大小(最小/最佳): 512 字节 / 512 字节

[root@centos7 ~]#
```

图5-4-3 磁盘性能分析-disk-3

扇区：磁盘上的一个弧形磁道。相邻的2的n次方个扇区构成"块Block"（linux系统中叫"块"，window系统中叫"簇"）。操作系统与磁盘进行数据交换时的最小单位是块，与内存进行数据交换时的最小单位是"页"。多个磁盘块数据，被读入内存后组成页。

在 Linux 系统下，使用"df -h"命令，查看系统的磁盘使用情况。

```
[root@centos7 ~]# df -h
文件系统                      容量   已用   可用  已用%  挂载点
devtmpfs                     908M     0   908M    0%  /dev
tmpfs                        919M     0   919M    0%  /dev/shm
tmpfs                        919M  8.6M   911M    1%  /run
tmpfs                        919M     0   919M    0%  /sys/fs/cgroup
/dev/mapper/centos-root       47G  1.6G    46G    4%  /
/dev/sdb1                     40G   49M    38G    1%  /newdisk
/dev/sda1                   1014M  150M   865M   15%  /boot
tmpfs                        184M     0   184M    0%  /run/user/0
[root@centos7 ~]#
```

图5-4-4 磁盘性能分析-disk-4

截图中的"sdb1"、"sdb2"就表明了所在的磁盘、硬盘和分区。"sd"代表 SerialATA Disk 磁盘（传统的机械硬盘，使用 SATA 串行接口，还有 u 盘、使用

VMware 技术虚拟出来的磁盘都当作 sd 盘），sd 后面的字母代表第几个盘，如 a 是第 1 个硬盘，b 是第 2 个硬盘；字母后面的数字代表磁盘的第几个分区。sdb1 意思就是机器上第 2 个硬的第 1 个分区。

### 5.4.3 磁盘阵列RAID

磁盘分区可以提高磁盘的读写性能，但是有的企业每天的数据量很大或存储的总数据量很大，期望磁盘实现数据备份，需求各有不相同，磁盘阵列 RAID 就应运而生。

磁盘阵列 RAID 独立多个磁盘构成具有冗余能力的阵列，由多块独立的磁盘组合成一个容量巨大的磁盘组，利用磁盘提供数据所产生的加成效果，提升整个磁盘系统的效能。利用这个技术把数据切割成多段，分别存放在不同的磁盘上。

表5-4-1　磁盘矩阵RAID

| 类型 | 用法 |
| --- | --- |
| RAID0 | 把待存储的数据分片存放到 2 块不同的磁盘上。因为一份整体数据被分片放在了 2 个磁盘上，所以读写的速度可以提升 2 倍，它主要用于SWAP\TMP，一份数据被分片了，并没有做冗余，而且数据的恢复比较难 |
| RAID1 | 相同的数据冗余存入 2 块不同的磁盘上。因为每个磁盘写的数据都相同，所以读写速度提升了 2 倍，数据也冗余了 1 份，但是磁盘利用率不高，这种，主要就是做数据备份 |
| RAID5 | 把数据分片 + 校验码，混合存储 3 份，这样读写速度可以提升 2 倍，因为有校验码，所以在恢复数据时比较方便，它主要用于高速读写，同时考虑数据还原的场景 |
| RAID10 | 先把磁盘分组，2 块磁盘 1 组，先做 RAID1，然后多组 RAID1 再做 RAID0，有 N 组，读写速度就提升 N 倍 |

### 5.4.4 磁盘性能测试实战与分析

磁盘在项目中成为性能瓶颈的概率是很低的。但是通过下面的这个实战，大家可以学习到磁盘是如何运行、速度如何、磁盘速度与内存的速度差异、buff 与 cache 在读写数据时分别起到了什么作用等，以及如果要分析磁盘性能定位问题，应该怎么做。

**实战 & 结果分析**

在实战之前，清空磁盘的缓存，具体操作如下：

①在被测机器上执行性能监控命令"vmstat 1""iostat -dx 1"或启动监控

平台监控磁盘各项数据；

②执行“echo 3 > /proc/sys/vm/dropcache”清空缓存；

> **命令解析**：echo 1 > /proc/sys/vm/drop_caches 释放页缓存
>
> echo 2 > /proc/sys/vm/drop_caches 释放目录项
>
> echo 3 > /proc/sys/vm/drop_caches 释放页缓存、目录项、节点
>
> 前面的数字1、2、3代表了不同的缓存清空对象。

执行完缓存清空命令后，打开一个新窗口，输入 vmstat 1 命令，通过下面截图可以看到 buff 被清空变成了 0，cache 数据也有一定量的减少，free 会增大。

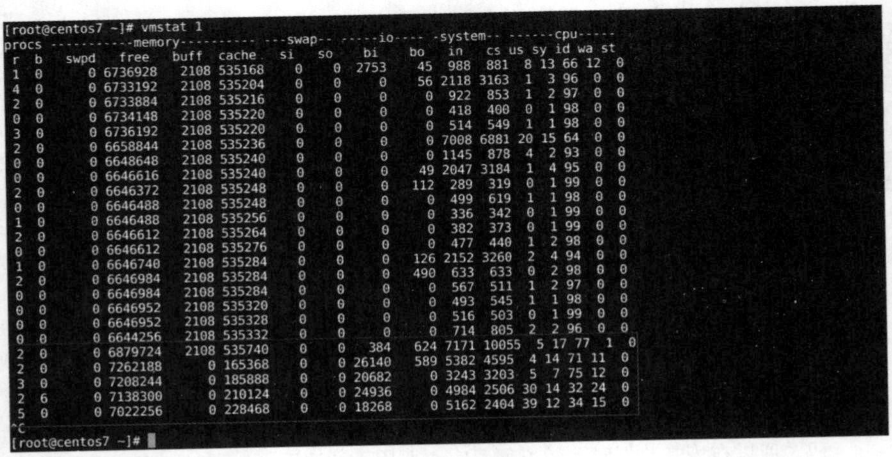

```
[root@centos7 ~]# vmstat 1
procs -----------memory---------- ---swap-- -----io---- -system-- ------cpu-----
 r  b   swpd   free   buff  cache   si   so    bi    bo   in   cs us sy id wa st
 1  0      0 6736928   2108 535168    0    0  2753    45  988  881  8 13 66 12  0
 4  0      0 6733192   2108 535204    0    0     0    56 2118 3163  1  3 96  0  0
 2  0      0 6733884   2108 535216    0    0     0     0  922  853  1  2 97  0  0
 0  0      0 6734148   2108 535220    0    0     0     0  418  400  0  1 98  0  0
 3  0      0 6736192   2108 535220    0    0     0     0  514  549  1  1 98  0  0
 2  0      0 6658844   2108 535236    0    0     0     0 7008 6881 20 15 64  0  0
 0  0      0 6648648   2108 535240    0    0     0     0 1145  878  4  2 93  0  0
 0  0      0 6646616   2108 535240    0    0     0    49 2047 3184  1  4 95  0  0
 2  0      0 6646372   2108 535248    0    0     0   112  289  319  0  1 99  0  0
 0  0      0 6646488   2108 535248    0    0     0     0  499  619  1  1 98  0  0
 1  0      0 6646488   2108 535256    0    0     0     0  336  342  0  1 99  0  0
 2  0      0 6646612   2108 535264    0    0     0     0  382  373  0  1 99  0  0
 0  0      0 6646612   2108 535276    0    0     0     0  477  440  1  2 98  0  0
 1  0      0 6646740   2108 535284    0    0     0   126 2152 3260  2  4 94  0  0
 2  0      0 6646984   2108 535284    0    0     0   490  633  633  0  2 98  0  0
 0  0      0 6646984   2108 535284    0    0     0     0  567  511  1  2 97  0  0
 0  0      0 6646952   2108 535320    0    0     0     0  493  545  1  1 98  0  0
 0  0      0 6646952   2108 535328    0    0     0     0  516  503  0  1 99  0  0
 0  0      0 6644256   2108 535332    0    0     0     0  714  805  2  2 96  0  0
 2  0      0 6879724   2108 535740    0    0   384   624 7171 10055  5 17 77  1  0
 2  0      0 7262188      0 165368    0    0 26140   589 5382 4595  4 14 71 11  0
 3  0      0 7208244      0 185888    0    0 20682     0 3243 3203  5  7 75 12  0
 2  6      0 7138300      0 210124    0    0 24936     0 4984 2506 30 14 32 24  0
 5  0      0 7022256      0 228468    0    0 18268     0 5162 2404 39 12 34 15  0
^C
[root@centos7 ~]#
```

图5-4-5 磁盘性能分析-disk-5

（一）实战一：测试写磁盘。

1）执行“echo 3 > /proc/sys/vm/dropcache”清空缓存。

2）执行写磁盘命令“dd if=/dev/zero of=$PWD/outputfile bs=20MB count=100”。

> **命令解析**：if 代表输入文件，of 代表输出文件，bs 是设置每次操作块文件大小，count为总共操作的次数 ；/dev/zero 是一个伪设备，只产生字符流不会有IO； $PWD/outputfile表示当前路径下的 outputfile 名称文件中。
>
> **命令作用**：使用一个伪设备产生字符流作为输入，然后把字符流写入磁盘上，每次写入 20MB，总共写入 100 次，最后形成一个2GB的文件。

命令执行后结果如下图所示。

```
[root@centos7 ~]# echo 3 > /proc/sys/vm/drop_caches
[root@centos7 ~]# ls
anaconda-ks.cfg  outputfile
[root@centos7 ~]# rm -rf outputfile
[root@centos7 ~]# dd if=/dev/zero of=$PWD/outputfile bs=20MB count=100
记录了100+0 的读入
记录了100+0 的写出
2000000000字节(2.0 GB)已复制, 7.70817 秒, 259 MB/秒
[root@centos7 ~]# ls -l
总用量 1953132
-rw-------. 1 root root       1228 11月 27 2020 anaconda-ks.cfg
-rw-r--r--. 1 root root 2000000000 10月 28 11:31 outputfile
[root@centos7 ~]#
```

图5-4-6 磁盘性能分析-disk-6

同步执行“vmstat 1”命令可以看到在执行写磁盘操作时，cache 在增大，buff 一直都是 0，free 在变小。说明在写磁盘操作时，cache 缓存是会变大但 buff 不会变，如下图所示。

```
[root@centos7 ~]# vmstat 1
procs -----------memory---------- ---swap-- -----io---- -system-- ------cpu-----
 r  b   swpd   free   buff  cache   si   so    bi    bo   in   cs us sy id wa st
 1  0      0 6859448      0 304540    0    0   785    23  606  622  5  6 86  3  0
 3  0      0 6857140      0 304584    0    0     0    46 1808 2714  2  4 94  0  0
 0  0      0 6857192      0 304592    0    0     0     0  742  719  0  2 97  0  0
 0  0      0 6857068      0 304600    0    0     0     0  627  650  1  1 98  0  0
 1  0      0 6457752      0 684192    0    0    92     0 1770  952  1 10 89  1  0
 1  0      0 6231636      0 910764    0    0     0    30 4642 1171  0 27 73  0  0
 1  0      0 6025860      0 1116556    0    0     0 147692 4730 1085  0 31 69  0  0
 1  0      0 5841008      0 1299728    0    0     0 147566 4119 3076  2 48 49  1  0
 2  1      0 5655352      0 1484588    0    0     0 359992 3967 1244  2 31 64  3  0
 1  0      0 5556640      0 1815276    0    0     0 552768 4383 1613  3 34 51 12  0
 1  0      0 5330748      0 2042304    0    0     0     0 4013  904  0 27 73  0  0
 5  1      0 5116044      0 2279544    0    0     0 61916 4496 2059  1 32 67  0  0
 2  1      0 5099900      0 2312080    0    0   204 684180 2547 1107  0 11 72 17  0
 8  0      0 5074432      0 2314216    0    0  2404   398 6849 8765  5 22 71  3  0
 5  0      0 5002540      0 2314520    0    0     0   170 8056 8548 16 22 62  0  0
 1  0      0 4933584      0 2314568    0    0     0     0 2640 1884  6 16 78  0  0
^C
[root@centos7 ~]#
```

图5-4-7 磁盘性能分析-disk-7

执行“iostat -dx 1”，可以看到 wkB/s 每秒写的数据是比较大，w_await 写请求等待的时间也比较大，如下图所示。

```
Device:   rrqm/s  wrqm/s    r/s     w/s    rkB/s     wkB/s avgrq-sz avgqu-sz  await r_await w_await svctm  %util
sda         0.00    0.00 513.00   46.00 22393.00   9842.50   115.33    15.69  25.35   27.01    6.87  0.86  48.00
dm-0        0.00    0.00 511.00  201.00 21497.00  89730.50   312.44    15.71  19.90   27.11    1.56  0.67  48.00
dm-1        0.00    0.00   0.00    0.00     0.00      0.00     0.00     0.00   0.00    0.00    0.00  0.00   0.00
Device:   rrqm/s  wrqm/s    r/s     w/s    rkB/s     wkB/s avgrq-sz avgqu-sz  await r_await w_await svctm  %util
sda         0.00    0.00  44.55  518.81  1912.87 254067.33   908.75   100.02 179.78   20.18  193.48  1.67  94.36
dm-0        0.00    0.00  61.39  358.42  2352.48 174970.30   844.79   100.57 242.58   14.65  281.62  2.25  94.36
dm-1        0.00    0.00   0.00    0.00     0.00      0.00     0.00     0.00   0.00    0.00    0.00  0.00   0.00
Device:   rrqm/s  wrqm/s    r/s     w/s    rkB/s     wkB/s avgrq-sz avgqu-sz  await r_await w_await svctm  %util
sda         0.00    0.00  81.00  477.00  2704.00 223464.00   810.64    17.59  17.88   10.17   19.18  1.13  63.30
dm-0        0.00    0.00  64.00  628.00  2260.00 300776.00   875.83    17.67  14.43   12.88   14.59  0.91  63.30
dm-1        0.00    0.00   0.00    0.00     0.00      0.00     0.00     0.00   0.00    0.00    0.00  0.00   0.00
Device:   rrqm/s  wrqm/s    r/s     w/s    rkB/s     wkB/s avgrq-sz avgqu-sz  await r_await w_await svctm  %util
sda         0.00    0.00   2.00 1270.00   156.00 649216.00  1021.03   138.81 108.43   33.00  108.55  0.79 100.00
dm-0        0.00    0.00   2.00 1232.00   156.00 629248.00  1020.10   139.63 112.41   31.50  112.54  0.81 100.00
dm-1        0.00    0.00   0.00    0.00     0.00      0.00     0.00     0.00   0.00    0.00    0.00  0.00   0.00
Device:   rrqm/s  wrqm/s    r/s     w/s    rkB/s     wkB/s avgrq-sz avgqu-sz  await r_await w_await svctm  %util
sda         0.00    0.00  43.00  113.00  6512.00  57344.00   818.67     5.40  90.29    9.79  120.93  1.66  25.90
dm-0        0.00    0.00  55.00    0.00 10560.00      0.00   384.00     5.40 257.91    7.58    0.00  4.67  25.70
dm-1        0.00    0.00   0.00    0.00     0.00      0.00     0.00     0.00   0.00    0.00    0.00  0.00   0.00
Device:   rrqm/s  wrqm/s    r/s     w/s    rkB/s     wkB/s avgrq-sz avgqu-sz  await r_await w_await svctm  %util
sda         0.00    0.00 429.00    0.00 18020.00      0.00    84.01     1.25   3.09    3.09    0.00  1.62  69.60
dm-0        0.00    0.00 421.00    0.00 16020.00      0.00    76.10     1.25   3.14    3.14    0.00  1.65  69.60
```

图5-4-8 磁盘性能分析-disk-8

此时如果不执行清空缓存命令，直接执行写操作命令“dd if=/dev/zero of=$PWD/outputfile bs=20MB count=100”，如下图所示。

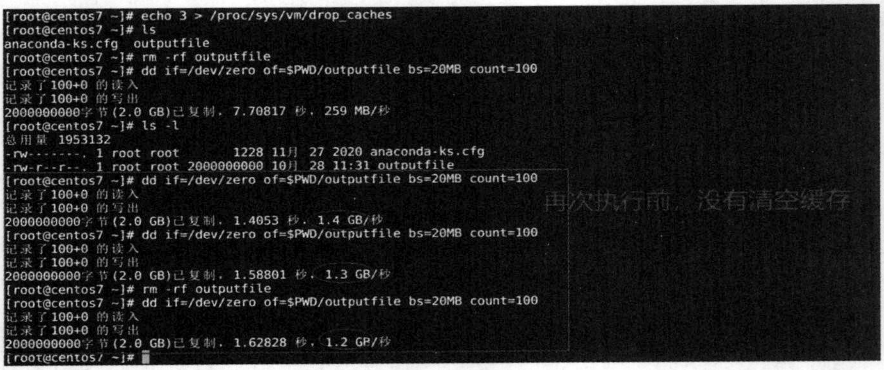

图5-4-9 磁盘性能分析-disk-9

会发现写的速度快了很多，这是因为cache缓存，把上一次的数据进行了缓存，再次执行写磁盘，就会命中cache缓存，从而加快了磁盘的写速度。

（二）实战二：测试读磁盘。

1）先在被测机器上执行性能监控命令"vmstat 1""iostat -dx 1"或启动监控平台监控磁盘各项数据。

2）执行"echo 3 > /proc/sys/vm/dropcache"清空缓存。

3）执行读磁盘命令"dd if=/dev/sda of=/dev/null bs=20MB count=100"。

命令解析：/dev/sda 第一个磁盘，读取第 1 个磁盘数据，会产生读操作。
/dev/null一个伪设备，回收站，也可以理解是一个无底洞，可以无限丢置数据，不会有写操作。

清空缓存和执行读磁盘的命令执行结果如下图所示。

图5-4-10 磁盘性能分析-disk-10

同步执行"vmstat"命令，可以看到buff 数据明显增大，cache 的数据不明显，free 的数据减少，bi 的数据明显变大，如下图所示。

图5-4-11 磁盘性能分析-disk-11

执行"iostat"命令看到 rkB/s 每秒读数据有明显的数据变化，r_await 读请求等待时间也有明显值，如下图所示。

图5-4-12 磁盘性能分析-disk-12

如果不清空缓存执行执行读磁盘命令，发现速度差异很大，说明 buff 能提升读磁盘的速度，如下图所示。

图5-4-13 磁盘性能分析-disk-13

（三）实战三：测试同时读写磁盘

1）先在被测机器上执行性能监控命令"vmstat 1""iostat -dx 1"或启动监控平台监控磁盘各项数据。

2）执行"echo 3 > /proc/sys/vm/dropcache"清空缓存。

3）执行同时读写磁盘命令"dd if=/dev/sda of=$PWD/outfile bs=20MB count=100"。

清空缓存和执行读写磁盘的命令执行结果如下图所示。

图5-4-14 *磁盘性能分析-disk-14*

同步输入 vmstat 1 名，发现 free 变小，buff 变大，cache 变大，bi、bo 都有数据。如下图所示。

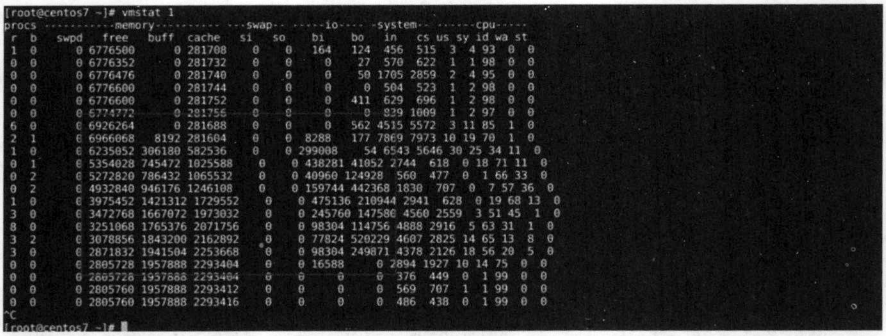

图5-4-15 *磁盘性能分析-disk-15*

通过 iostat 命令看到 w_await 写等待和 r_await 的都有值，最后的总速度要比单独的读磁盘或写磁盘都要小。企业项目更多的就是这种同时有读和写操作。

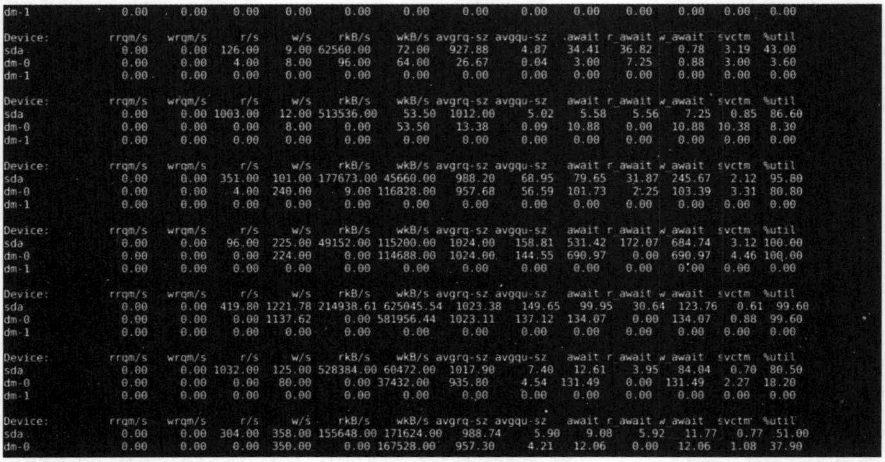

图5-4-16 *磁盘性能分析-disk-16*

（四）实战四：测试内存的速度。

1）先在被测机器上执行性能监控命令"vmstat 1""iostat -dx 1"或启动监控平台监控磁盘各项数据。

2）执行"echo 3 > /proc/sys/vm/dropcache"清空缓存。

3）执行"dd if=/dev/zero of=/dev/null bs=50MB count=200"
命令执行的结果如下图所示。

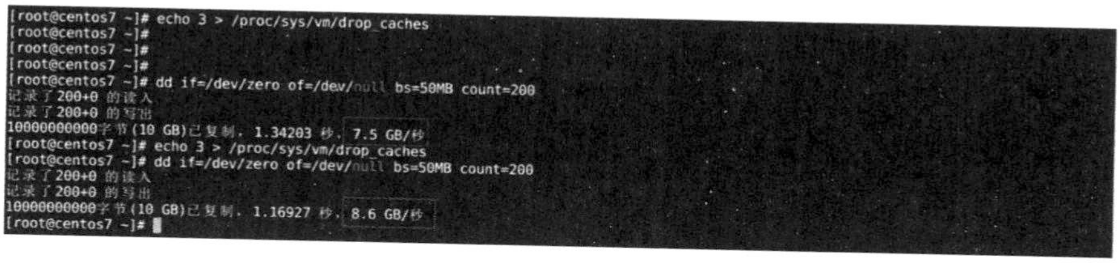

图5-4-17 磁盘性能分析-disk-17

执行这个命令时所有数据不落磁盘，全部在内存中交换，所以它得出来的，就是内存的速度。通过对比可以看出，磁盘单独的读、写速度都是小几百 MB/s，而内存的速度是几个 GB/s，不在一个层级。

## ◎ 5.5 网络性能分析

### 5.5.1 HTTP协议基础知识

客户端和服务器之间进行数据通信使用最广泛的协议就是 HTTP 协议族。HTTP 协议编码信息需要包含源地址 ip、源端口号、目的地址 ip、目的地端口，这样响应信息才能原路返回，而每次发起一个请求就要占用一个源端口，但是源端口数量是有限的，所以性能测试经常会遇到因为一台主机在短时间内发送的请求量大，占用了机器的所有端口，导致后续请求没有可用的端口，从而报"Connection timed out"的错。目前一台计算机，最多可以使用的端口数量为 65535 个，这些端口大概分为三类。

| 公认端口 | 0～1023，一般被绑定在特定的协议上，如 21ftp、22sftp、25smtp |
| --- | --- |
| 注册端口 | 1024～49151，一般被绑定在一些服务上，如 8080tomcat，3306mysql |
| 动态\私有端口 | 49152～65535，常用于网络请求时的动态分配端口 |

在不同的系统中启动的端口数量是不一样的，Linux 系统会比 Windows 多一些，所以做性能测试时，发起方的系统一般选择用 linux。

HTTP 协议从 1.1 版本开始默认都是长连接，就是发送方和接收方建立连接之后，会保持比较长时间的连接状态，这样在保持连接状态的时间内，双方传输数据不再需要三次握手，提高了有效数据的传输率。但是长时间保持连接状态就会长时间占用源端口，性能测试时会产生大量的请求，如果这些请求都长时间保持连接，就会很容易导致端口不够用。

### 5.5.2 Connection timed out问题调优

执行性能测试时，如果短时间占用了大量的端口，那么就会出现类似"Connection time out"或"Address already is use:connect"的错误。对于这样的错误，我们要如何调优和解决呢？

在上一节中提到端口数量和端口占用时长都可能会出现性能问题，所以对于端口不够用的问题，调优的方法就是从这两个点入手即可。调优方法和操作步骤如下。

步骤 1：在 jmeter 的 http 取样器中，去掉"keep-alive"的复选框，把长连接转为短连接，这样大量请求就可以在比较短的时间内断开，快速释放源端口，提高源端口的复用率。

步骤 2：开启计算机中所有端口，不同系统的操作是不一样的。

| | |
|---|---|
| Windows 系统 | 找到注册表中：[HKEY_LOCAL_MACHINE\SYSTEM\CurrentControlSet\Services\Tcpip\Parameters]，查看右侧的配置信息，找到 MaxUserPort 配置项，检查下它的值在十进制时是否为 65535，如果不是则修改为十进制的 65535，再点击确定；若没有找到 MaxUserPort 配置项，则新增 DWORD，name 为 MaxUserPort，value 填写十进制的 65535，再点击确定 |
| Linux 系统 | 直接输入命令进行修改：sysctl -w net.ipv4.ip_local_port_range="1024 65535" sysctl -p<br>注：可以先执行 sysctl -a \|grep 'net.ipv4.ip_local_port_range' 查看下默认时的端口范围 |

步骤 3：缩短端口占用时长。

| Windows 系统（发起方） | 找到注册表中：[HKEY_LOCAL_MACHINE\SYSTEM\CurrentControlSet\Services\Tcpip\Parameters]，查看右侧配置信息，找到 TcpTimedWaitDelay 配置项，检查下它的值在十进制时是否为 30，如果不是则修改为十进制的 30，再点击确定；若没有找到 TcpTimedWaitDelay 配置项，则新增 DWORD，name 为 TcpTimedWaitDelay，value 填写十进制的 30，点击确定后重启电脑 |
|---|---|
| Linux 系统（发起方） | sysctl -w net.ipv4.tcp_tw_reuse=1<br># 表示开启重用，允许将 TIME WAITsockets 重新用于新的 TCP 连接，默认为 0 表示关闭<br>sysctl -w net.ipv4.tcp_tw_recycle=1<br># 表示开启 TCP 连接中 TIME WAITsockets 的快速回收，默认为 0，表示关闭；<br>sysctl -w net.ipv4.tcp_fin_timeout=5<br># 修改系统默认的 TIMEOUT 时间为 5 秒；调小<br>sysctl -w net.ipv4.tcp_max_syn_backlog=8192<br># 进入 syn 包的最大请求队列；调大<br>sysctl -w net.ipv4.tcp_max_tw_buckets=5000<br># 表示系统同时保持 TIME_WAIT 套接字的最大数量；调小<br>sysctl -p# 配置生效 |

注意：执行完上面的步骤，只是进行了调优，并不是彻底解决。还是可能在测试过程中，出现源端口不够用的错误。要想彻底解决，就需要采用分布式，把发起方的并发请求分摊到多台机器一起发起。

## 5.5.3 linux系统网络参数调优

一个请求通过网络传输进入 linux 服务器后，就会受到 linux 服务器网络相关参数和系统文件参数限制。通过"sysctl"命令，可以查看 linux 系统所有内核限制参数；通过"ulimit"命令，可以查看 linux 系统文件与资源相关限制参数。

（一）Sysctl 命令

sysctl 查看到的所有参数，都是在系统启动时，读取到 /proc/sys 的内存信息，相关参数的用法如下所示。

表5-5-1  sysctl相关参数用法

| 参数 | 用法 |
|---|---|
| -a, --all | 显示所有当前的变量名 |
| -b, --binary | 打印值时，不添加换行标记 |
| -e, --ignore | 忽略不正确的变量名而不报错 |
| -N, --names | 仅显示变量名，常用于脚本中 |
| -n, --values | 仅显示变量值，不显示变量名 |
| -p, --load[=] | 从指定文件（默认 /etc/sysctl.conf）中加载已经设置好的变量值，如果使用 - 作为文件名，表示从 stdin 读取配置 FIFLE 还可以是一个正则表达式，以匹配多个文件 |
| -f | 和 -p 相同 |
| -r, --pattern | 仅应用与正则表达式匹配的文件中的设置 |
| -q, --quiet | 不在 stdout 上显示值 |
| -w, --write | 是改变变量值有效，如果有修改变量值，就必须使用此选项 |

在 linux 系统中执行"sysctl -a"命令时，会显示所有配置信息，其中 net.ipv*** 开头的配置就是与网络相关的配置。

表5-5-2  net相关参数

| 参数 | 用法 |
|---|---|
| net.core.wmem_max | 最大 socket 写 buffer，可参考的优化值：873200 |
| net.core.wmem_default | 默认写内存值 |
| net.core.rmem_max | 最大 socket 读 buffer，可参考的优化值：873200 |
| net.core.rmem_default | 默认读内存值 |
| net.core.optmem_max | socket buffer 的最大初始化值 |
| net.core.netdev_max_backlog | 进入包的最大设备队列。对重负载服务器而言，该值太低，可调整到 1000 |
| net.core.somaxconn | listen() 的默认参数，挂起请求的最大数量。对繁忙的服务器，增加该值有助于网络性能。可调整到 256 |
| net.ipv4.tcp_wmem | TCP 写 buffer，可参考的优化值：8192 436600 873200 |
| net.ipv4.tcp_rmem | TCP 读 buffer，可参考的优化值：32768 436600 873200 |
| net.ipv4.tcp_mem | 有 3 个值，【1 低于此值，TCP 没有内存压力 2 在此值下，进入内存压力阶段 3 高于此值，TCP 拒绝分配 socket】 这三个值是单位是页，参考的优化值是：786432 1048576 1572864 |
| net.ipv4.tcp_max_syn_backlog | 进入 SYN 包的最大请求队列，对重负载服务器，增加该值显然有好处。可调整到 8192 |
| net.ipv4.tcp_retries2 | TCP 失败重传次数，默认值 15，意味着重传 15 次才彻底放弃，可减少到 5，以尽早释放内核资源 |
| net.ipv4.tcp_keepalive_time | 默认 7200s(2 小时)；参考：1800s |
| net.ipv4.tcp_keepalive_intvl | 默认 75；参考：30 |

续表

| 参数 | 用法 |
|---|---|
| net.ipv4.tcp_keepalive_probes | 默认 9，如果某个 TCP 连接在 idle 2 个小时后，内核才发起 probe. 如果 probe 9 次（每次 75 秒）不成功，内核才彻底放弃认为该连接已失效。参考：3 |
| net.ipv4.ip_local_port_range | 指定开启的端口范围 |
| net.ipv4.tcp_syncookies | 表示开启 SYN Cookies。当出现 SYN 等待队列溢出时，启用 cookies 来处理，可防范少量 SYN 攻击；0，表示关闭 |
| net.ipv4.tcp_syn_retries | syn 重试次数 |
| net.ipv4.tcp_synack_retries | ack 重试次数 |
| net.ipv4.tcp_tw_reuse | 表示开启重用。允许将 TIME-WAIT sockets 重新用于新的 TCP 连接 |
| net.ipv4.tcp_fin_timeout | 表示如果套接字由本端要求关闭，这个参数决定了它保持在 FIN-WAIT-2 状态的时间 |
| net.ipv4.tcp_max_tw_buckets | 表示系统同时保持 TIME_WAIT 套接字的最大数量，如果超过这个数字，TIME_WAIT 套接字将立刻被清除并打印警告信息。对于 Apache、Nginx 等服务器，前面的参数可以很好地减少 TIME_WAIT 套接字数量，但是对 Squid 效果却不大。此项参数可以控制 TIME_WAIT 套接字的最大数量，避免 Squid 服务器被大量的 TIME_WAIT 套接字拖死 |
| net.ipv4.tcp_tw_reuse | 1 表示开启重用，允许将 TIME-WAITsockets 重新用于新的 TCP 连接，默认为 0，表示关闭 |
| net.ipv4.tcp_tw_recycle | 1 表示开启 TCP 连接中 TIME-WAITsockets 的快速回收，默认为 0，表示关闭 |
| net.ipv4.tcp_fin_timeout | 系统默认的 TIMEOUT 时间，可以适当调小 |
| net.ipv4.tcp_max_syn_backlog | 进入 syn 包的最大请求队列，可以适当调大 |
| net.ipv4.tcp_max_tw_buckets | 系统同时保持 TIME_WAIT 套接字的最大数量，可以试单调小 |

（二）Ulimit 命令

执行："ulimit -a"，可以看 linux 系统中，所有系统限制参数情况。

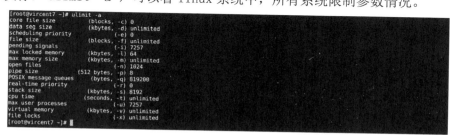

图5-5-1 网络性能分析-net-1

上述截图中第 1 列为限制项，第 2 列为限制项的命令参数和单位，第 3 列为限制值，相关参数的用法说明如下表所示。

表5-5-3  ulimit相关参数

| 参数 | 含义 | 用法 |
|------|------|------|
| -c | core 文件上限 | 设定 core 文件的最大值，单位：块 |
| -d | 数据块大小 | 程序数据块最大值，单位：KB |
| -e | 调度优先级 | 最高的优先级 |
| -f | 文件大小 | 文件最大大小，单位：块 |
| -i | 待处理的信号 | 最大待处理的信号 |
| -l | 最大内存锁 | 内存锁最大值，单位：KB |
| -m | 最大内存大小 | 可使用的内存最大值，单位：KB |
| -n | 打开文件数量 | 统一时间最多可开启的文件数量 |
| -p | 缓冲区大小 | 指定管道缓冲区的大小，单位：512 字节 |
| -q | POSIX 消息队列 | 队列最大长度，单位：字节 |
| -r | 时间优先级 | 时间最高优先级 |
| -s | 堆大小 | 堆的最大值，单位：KB |
| -t | CPU 时间 | 进程使用 CPU 的时间上限 |
| -u | 任务数量 | 用户最多可开启的进程 + 线程数目 |
| -v | 虚拟内存 | 可以使用的虚拟内存上限，单位：KB |
| -x | 文件锁 | 最多文件数量 |

通过"ulimit 选项参数限制值"命令，进行临时修改，例如想修改每个进程允许打开的最大文件数量 openfiles 数量，选项参数是 -n，限制值是一个数字，命令为："ulimit -n 65535"，这样配置项的值就被临时修改了，此后再启动的程序，可以打开的最大文件数量就变大了。不过这只是临时修改，一旦操作系统重启这个配置又会被还原成默认的。如果想永久修改，可以通过修改 /etc/security/limits.conf 文件实现，如下所示。

```
vim /etc/security/limits.conf
###############################
# 在最后，增加如下
###############################
* hard nproc 32768
* soft nproc 32768
* hard nofile 16000
* hard nofile 16000
```

* 代表所有用户，也可以指定具体的用户名，soft\hard 表示软 \ 硬限制，nproc 表示进程数，nofile 表示文件数，limits 配置参数如下表。

表5-5-4　limits配置参数

| 类型 | 参数 | 用法 | 类型 | 参数 | 用法 |
|---|---|---|---|---|---|
| domain | username | 用户名 | item | stack | 最大堆大小 |
| | groupname | 可以用 @ 符号跟上组名 | | cpu | 以分钟为单位的最多 CPU 时间 |
| | * | 也可以用 * 代替上所有用户 | | nproc | 进程的最大数目 |
| | % | 也可以用 % 代替所有用户组名 | | as | 地址空间限制 |
| type | soft | 软限制 | | maxlogins | 此用户允许登录的最大数目 |
| | hard | 硬限制 | | maxsyslogins | 系统用户运行登录的最大数目 |
| item | core | 限制内核文件的大小 | | priority | 运行用户的进程优先级 |
| | data | 最大数据的大小 | | locks | 用户可以持有的最大文件锁数量 |
| | fsize | 最大文件大小 | | sigpending | 待处理信息的最大数量 |
| | memlock | 最大锁定内存地址空间 | | msgqueue | POSIX 消息队列最大内存长度 |
| | nofile | 打开文件的最大数目 | | nice | 进程优先级的范围 [-20, 19] |
| | rss | 最大持久设置大小 | | rtprio | 最大实时优先级 |

## 5.5.4 HTTP响应码4xx系列错误实战与分析

在性能测试过程中由于并发量比较大，短时间内服务器上要打开多个文件，而 linux 系统中进程能打开的文件数量又有限制，如果被测项目打开的文件数超过被限制数，则性能测试的请求响应极有可能获取不到资源，http 响应码就会出现 4XX 系列错误。

接下来本节的实战，将教大家如何定位分析这类问题。

实战步骤

1）在 linux 系统中启动一个进程，获取进程的 id。

2）执行 "cat /etc/ 进程 id/limits"，查看进程启动时，加载到内存中的相关限制参数。

```
[root@vircent7 ~]# cd /opt/apache-tomcat-8.5.56/bin/
[root@vircent7 bin]# ls
bootstrap.jar       ciphers.bat           configtest.bat    digest.sh        shutdown.bat    tomcat-juli.jar        version.bat
catalina.bat        ciphers.sh            configtest.sh     logs             shutdown.sh     tomcat-native.tar.gz   version.sh
catalina.sh         commons-daemon.jar    daemon.sh         setclasspath.bat startup.bat     tool-wrapper.bat
catalina-tasks.xml  commons-daemon-native.tar.gz  digest.bat setclasspath.sh  startup.sh     tool-wrapper.sh
[root@vircent7 bin]# ./startup.sh
Using CATALINA_BASE:   /opt/apache-tomcat-8.5.56
Using CATALINA_HOME:   /opt/apache-tomcat-8.5.56
Using CATALINA_TMPDIR: /opt/apache-tomcat-8.5.56/temp
Using JRE_HOME:        /usr/local/java/jdk1.7.0_79
Using CLASSPATH:       /opt/apache-tomcat-8.5.56/bin/bootstrap.jar:/opt/apache-tomcat-8.5.56/bin/tomcat-juli.jar
Tomcat started.
[root@vircent7 bin]# jps
5672 Jps
5652 Bootstrap
[root@vircent7 bin]# cat /proc/5652/limits
Limit                     Soft Limit           Hard Limit           Units
Max cpu time              unlimited            unlimited            seconds
Max file size             unlimited            unlimited            bytes
Max data size             unlimited            unlimited            bytes
Max stack size            8388608              unlimited            bytes
Max core file size        0                    unlimited            bytes
Max resident set          unlimited            unlimited            bytes
Max processes             7257                 7257                 processes
Max open files            4096                 4096                 files
Max locked memory         65536                65536                bytes
Max address space         unlimited            unlimited            bytes
Max file locks            unlimited            unlimited            locks
Max pending signals       7257                 7257                 signals
Max msgqueue size         819200               819200               bytes
Max nice priority         0                    0
Max realtime priority     0                    0
Max realtime timeout      unlimited            unlimited            us
[root@vircent7 bin]#
```

图5-5-2 网络性能分析-net-2

3）执行"cat /proc/sys/fs/file-max"，查看当前系统允许打开的最大文件数量。

```
[root@vircent7 bin]# cat /proc/sys/fs/file-max
183580
[root@vircent7 bin]#
```

图5-5-3 网络性能分析-net-3

4）使用 JMeter，对项目接口进行性能测试。

5）同时执行"lsof -p 进程 id|wc -l"，查看当前进程在性能测试时打开的文件数量。

分析定位

如果在性能测试过程中，出现获取不到资源的错误，此时对比 lsof 的执行结果与进程文件数量限制和系统最大文件数量限制，就可以判断出现在这个文件数量限制是否成为了性能瓶颈。确认是瓶颈，则可以通过"ulimit -n 数值"命令修改限制，然后重启项目，再次进行性能测试来验证调优的结果。

更多课后阅读请扫下方二维码。

扫一扫，直接在手机上打开

图5-5-4 拓展阅读

# 服务器架构演进——阶段二

后来越来越多的项目开始部署到多台机器上，再通过集群把多台机器的服务能力集成在一起，从而提供更强的能力输出，当服务器受到高并发请求时，又通过负载均衡测试，合理分配到不同机器上，从而实现整体项目性能提升。具体的架构原理如下图所示。

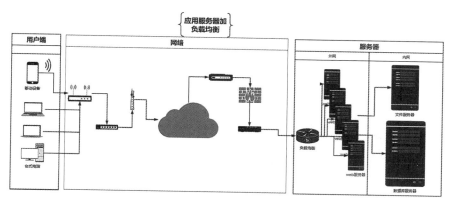

*服务器架构演进(二)-服务区架构演进4*

当服务能力不足时，可以通过增加集群的机器数量的方式来弥补，在很长一段时间里这是一种主流的服务器架构模式。

## ◎ 5.6 服务器中间件

中间件是介于应用系统和系统软件之间的一类软件，它使用系统软件所提供的基础服务（功能），衔接网络上应用系统的各个部分或不同的应用，能够达到资源共享、功能共享的目的。PHP 语言开发的中最常见的中间件就是 Apache，而 java 语言开发的项目最重要的中间件就是 tomcat，现在企业中的 java 项目大多都用微服务框架，而这个框架中就自带 tomcat，所以中间件的性能就非常重要了。

### 5.6.1 Apache

Apache HTTP Server（简称"Apache"），是 Apache 软件基金会的一个开源

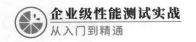
的网页服务器软件，可以在大多数电脑操作系统中运行，由于其跨平台和安全性非常优秀而被广泛使用，是最流行的 web 服务器软件之一。PHP 项目一般会采用 LAMP（Linux + Apache + Mysql + PHP）解决方案来部署，现在有更多开源的解决方案如：宝塔面板、小皮面板等。

### 5.6.2 Tomcat

Apache-tomcat 是一个轻量级 java 应用服务器，适用并发性不是很高的系统。它的运行环境依赖 java 运行环境 JRE，所以在配置 java 运行环境时可以直接安装 jdk。

1）安装 jdk，安装完毕后，通过 java -version 命令可以查看 jdk 安装情况，如下图所示。

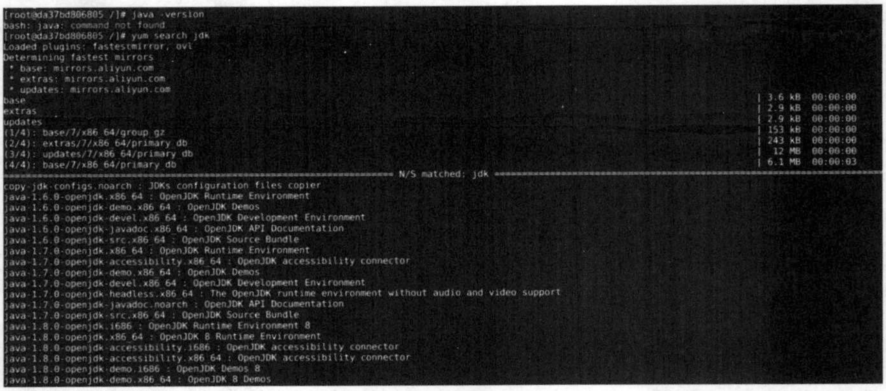

图5-6-1 服务器中间件-tomcat-1

2）安装完 tomcat，进入到 tomcat 目录，输入"ls -lth"命令可以看到 tomcat 下的所有目录 / 文件，如下图所示。

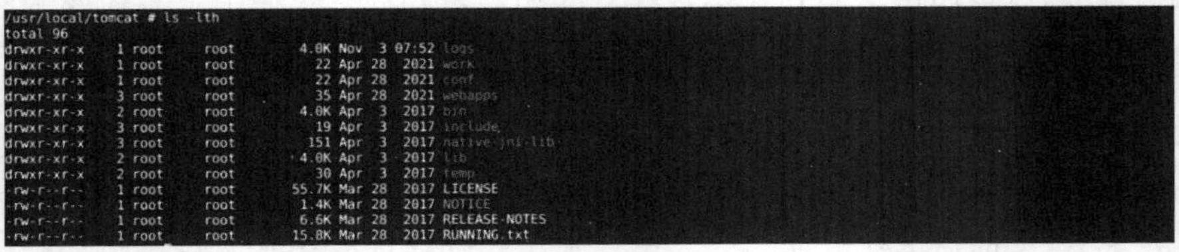

图5-6-2 服务器中间件-tomcat-2

tomcat 下不同目录的作用。

| | |
|---|---|
| bin | 里面放的都是一些命令文件，比如 startup.sh 启动，shutdown.sh 关停 tomcat 的命令。catalina.sh 是 JVM 重要的配置文件。Tomcat 启动时会根据这个文件的配置申请和分配内存 |
| conf | 里面放的都是一些配置文件，比如 server.xml，它是服务配置文件，tomcat 默认的 http 服务端口 8080，最关键的连接池性能参数配置都在这个文件中 |
| logs | 在没有修改默认的日志路径配置时，运行过程中的日志存放在该路径中 |
| webapps | 项目包放置位置。项目打成 war 包放在该路径下，在 tomat 启动时，会自动解压 |

### 5.6.2.1 Tomcat性能分析

Catalina.sh 是配置 JVM 内存信息的重要文件。Tomcat 启动时会根据这个文件中的 JAVA_OPTS 参数来申请和分配内存。打开 catalina.sh 文件，搜索 "JAVA_OPTS=" 去配置参数，若没有搜索到，则可以直接新增该配置。

表5-6-1　堆栈配置参数

| 参数 | 用法 |
|---|---|
| -server | 第一个参数，指定为服务，多核时使用 |
| -Xms | 启动时，初始堆大小，没有配置时，从最小逐步增加到最大值 |
| -Xmx | 启动时分配的最大堆大小，默认为 64M |
| -Xmn | 新生代堆大小 |
| -Xss | 每个线程栈大小 |
| -XX:PermSize | 初始化非堆内存大小 |
| -XX:MaxPermSize | 永久代（非堆）最大内存大小 |
| -XX:MaxNewSize | 新生代最大大小 |
| -XX:MaxDirectMemorySize | 直接内存大小，默认为最大堆空间 |

表5-6-2 GC配置参数

| 参数 | 用法 |
|---|---|
| -XX:+PrintGC | 打印 gc 信息 |
| -XX:+PrintGCDetails | 打印 gc 详细信息 |
| -XX:+PrintGCTimeStamps | 打印 gc 消耗的时间 |
| -XX:+PrintGCApplicationStoppedTime | 打印 gc 造成的应用暂停时长 |
| -Xloggc:gc.log | 指定 gc 的日志路径 |

例如：JAVA_OPTS="-server -Xmx512m -Xms512m -Xss256k -XX:PermSize=128m" 这就是配置项目的内存信息；JAVA_OPTS="-XX:+PrintGC -XX:+PrintGCDetails -XX:+PrintGCTimeStamps -XX:+PrintGCApplicationStoppedTime -Xloggc:gc.log" 这个是配置打印项目 GC 日志，用于分析 GC 情况。当项目接口出现平均响应时间过长、

TPS 过低等情况时，一般就需要调整这个文件中的关键参数，反复测试从而调优出一个合理的性能指标。

Server 目录下的 server.xml 是用来配置服务器的，代表整个服务器，一个 Server 可以包含至少一个 service，每个 service 可以包含多个 connector 和一个 container。Connector 用于处理连接相关的事务，并提供 Socket 与 Request 和 Response 相关的转化；Container 用于封装和管理 Servlet 以及处理 Request 请求；多个 connector 就可以配置多种类型连接，如：http\https。在 service 下面有个 Executor，是用来配置 tomcat 的线程池的，参数如下。

表5-6-3 线程池配置参数

| 参数 | 用法 |
|---|---|
| name | 线程池的标记 |
| namePrefix | 线程名字前缀 |
| maxThreads | 线程池中最大活跃线程数，默认 200 |
| minSpareThreads | 线程池中保持的最小线程数，也是线程每次增加的最小数量，默认 25 |
| connectionTimeout | 连接超时时间，单位毫秒 |
| acceptCount | 最大可接受的排队数量 |
| maxSpareThreads | 这个参数标识，一旦创建的线程数量超过这个值，Tomcat 就会关闭不活动的线程 |

当项目接口能支持的并发用户数低于预期，或者达到某一定量就报错时，一般就需要修改这个文件中线程池的配置，从而实现性能调优。

### 5.6.2.2 Tomcat监控

要实现对 Tomcat 的监控可以选用 Prometheus 监控平台，它可以监控服务器硬件以及服务器中间件，下面详细讲解如何实现 Prometheus 监控平台的搭建，步骤如下：

①从 maven 仓库中下载 jvm_exporter.jar 包
(https://repo1.maven.org/maven2/io/prometheus/jmx/jmx_prometheus_javaagent)，
下载完成后把 jar 包放到 tomcat 的 bin 文件夹中；

②下载 tomcat.yml 文件，也放到 tomcat 的 bin 文件夹中；

③在 catalina.sh 文件中，增加如下配置参数：

```
JAVA_OPTS="-javaagent:./jmx_prometheus_javaagent-0.16.1.jar=3088:./
tomcat.yml"
#jar文件以及tomcat.yml的路径根据实际情况修改， 3088是监控服务的端
口，可以根据需求修改
```

④重启 tomcat；

⑤现在监控的 exporter 已经弄好了，只需要修改 prometheus.yml 文件，在最末尾添加一个 job_name 节点，如下：

```
- job_name: '自定义 jobname'
  static_configs:
  - targets: ['被监控机器 ip:3088']
```

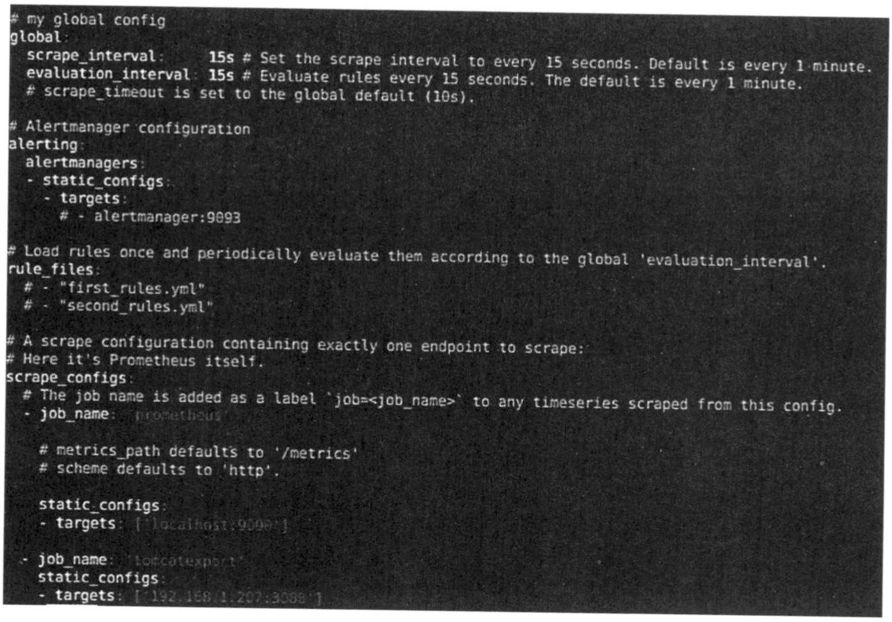

图5-6-3 服务器中间件-tomcat-3

⑥启动 prometheus 和 grafana；

⑦登录 grafana 平台，引入模板 8563 或 3457。

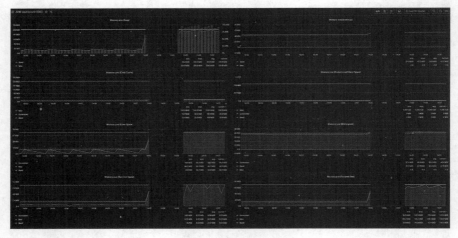

图5-6-4 服务器中间件-tomcat-4

图5-6-5 服务器中间件-tomcat-5

这样 tomcat 的监控就弄起来了,在做性能测试时,只需要把这个监控平台开启,就可以一直持续的监控 tomcat 的运行。Tomcat 有什么性能问题,也可以通过这个监控平台的数据发现。

### 5.6.3 什么是Nginx

Nginx 是一个高性能的 HTTP 和反向代理 web 服务器，运行时占用的内存很少，并发能力又非常强，现在很多企业都选择它来做负载均衡的 Web 服务器，一般不会有性能问题。

（1）Nginx 安装

Nginx 的安装方法很多，有源码包安装法、编译包安装法、docker 安装法，本章节选择源码包安装法，虽然有点复杂，但它最大的优势就是方便扩展安装第三方功能。

①安装依赖

```
yum install make zlib zlib-devel gcc-c++ libtool openssl openssl-devel -y
```

②安装 pcre

```
# 下载 pcre 包
wget https://sourceforge.net/projects/pcre/files/pcre/8.44/pcre-8.44.tar.gz

# 解压，进入解压后的文件夹
tar -xzvf pcre-8.44.tar.gz
cd pcre-8.44

# 安装
./configure
make && make install

# 查看 pcre 是否安装好，可选
pcre-config --version
```

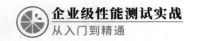

③安装 nginx

```
# 下载
wget http://nginx.org/download/nginx-1.19.5.tar.gz

# 解压，进入解压后的文件夹
tar -xzvf nginx-1.19.5.tar.gz
cd nginx-1.19.5

# 安装
./configure --prefix=/usr/local/nginx --with-http_stub_status_module
\ --with-http_ssl_module
make && make install
```

④启动与验证

```
# 验证 nginx
/usr/local/nginx/sbin/nginx -t

# 查看 nginx 版本
/usr/local/nginx/sbin/nginx -v

# 启动 nginx
/usr/local/nginx/sbin/nginx

# 重新加载 nginx 配置
/usr/local/nginx/sbin/nginx -s reload
```

这样 nginx 就安装成功了，在 /usr/local/nginx/conf/ 文件夹中的 nginx.conf 文件，就是 nginx 最重要的配置文件，要用好 Nginx 就需要深度学习这个配置文件的参数配置。

（2）nginx.conf 配置文件解析

```
... # 全局块
events { # events 块
...
}
http # http 块
{
... # http 全局块
server # server 块
{
... #server 全局块
location [PATTERN] # location 块
{
...
}
location [PATTERN]
{
...
}
}
server
{
...
}
... # http 全局块
}
```

nginx.conf 文件每块配置都有不同的作用，详细说明见下表。

| 块 | 用法 |
|---|---|
| 全局块 | 影响 Nginx 整体运行的配置。一般有运行 nginx 服务器的用户组、nginx 进程 pid 存放路径、日志存放路径、配置文件引入、允许生成 worker process 数等 |
| events 块 | 配置影响 nginx 服务器或与用户的网络连接。有每个进程的最大连接数，有选取哪种事件驱动模型处理连接请求，是否允许同时接受多个网络连接，开启多个网络连接序列化等。 |
| http 块 | 可以嵌套多个 server，配置代理，缓存，日志定义等绝大多数功能和第三方模块的配置。如文件引入，mime-type 定义，日志自定义，是否使用 sendfile 传输文件，连接超时时间，单连接请求数等。 |
| server 块 | 配置虚拟主机的相关参数，一个 http 中可以有多个 server。 |
| location 块 | 配置请求的路由，以及各种页面的处理情况。 |

下面重点讲解全局块、events 块以及 http 块的配置参数用法说明。

全局块、events 块说明（"#" 标记的是注释）：

```
user   nobody nobody;
#user是个主模块指令，指定Nginx Worker进程运行用户以及用户组，默认
nobody账号运行。


worker_processes   2;
#是个主模块指令，指定了Nginx要开启的进程数。每个Nginx进程平均耗费
10M~12M内存。#建议指定和CPU的数量一致即可。


error_log  logs/error.log   notice;
#是个主模块指令，用来定义全局错误日志文件。日志输出级别有debug、info、
notice、warn、#error、crit可供选择，其中，debug输出日志最为最详细，而
crit输出日志最少。


pid        logs/nginx.pid;
#是个主模块指令，用来指定进程pid的存储文件位置。


worker_rlimit_nofile 65535;
#用于绑定worker进程和CPU，Linux内核2.4以上可用。


events{
```

```
        use epoll;
        worker_connections          65536;
}
```

#use是个事件模块指令，用来指定Nginx的工作模式。Nginx支持的工作模式有select、poll、#kqueue、epoll、rtsig和/dev/poll。其中select和poll都是标准的工作模式，kqueue和epoll

#是高效的工作模式，不同的是epoll用在Linux平台上，而kqueue用在BSD系统中。对于#Linux系统，epoll工作模式是首选。

#worker_connections也是个事件模块指令，用于定义Nginx每个进程的最大连接数，默认是#1024。最大客户端连接数由worker_processes和worker_connections决定，即#Max_client=worker_processes*worker_connections。在作为反向代理时，max_clients变为：#max_clients = worker_processes * worker_connections/4。进程的最大连接数受Linux系统进程

#的最大打开文件数限制，在执行操作系统命令 "ulimit -n 65536" 后worker_connections的

#设置才能生效

　　Nginx 对 HTTP 服务器相关属性的配置代码如下（"#" 标记的是注释）：

```
http{
http{
        include        conf/mime.types;
```

#include是个主模块指令，实现对配置文件所包含的文件的设定，可以减少主配置文件的复#杂度。类似于Apache中的include方法。

```
        default_type   application/octet-stream;
```

#default_type属于HTTP核心模块指令，这里设定默认类型为二进制流，也就是当文件类型

#未定义时使用这种方式，例如在没有配置PHP环境时，Nginx是不予解析的，此时，用浏

#览器访问PHP文件就会出现下载窗口。

```
        log_format main '$remote_addr - $remote_user [$time_local] '
```

```
#log_format是Nginx的HttpLog模块指令，用于指定Nginx日志的输出格式。main 为此日志
#输出格式的名称，可以在下面的access_log指令中引用。


        '"$request" $status $bytes_sent '
        '"$http_referer" "$http_user_agent" '
        '"$gzip_ratio"';
        log_format download '$remote_addr - $remote_user [$time_local] '
        '"$request" $status $bytes_sent '
        '"$http_referer" "$http_user_agent" '
        '"$http_range" "$sent_http_content_range"';
        client_max_body_size   20m;
#client_max_body_size用来设置允许客户端请求的最大的单个文件字节数；


        client_header_buffer_size      32K;
#client_header_buffer_size用于指定来自客户端请求头的headerbuffer大小。
对于大多数请求，1K的缓冲区大小已经足够，如果自定义了消息头或有更大的
Cookie，可以增加缓冲区大小。这里设置为32K；


        large_client_header_buffers   4 32k;
#large_client_header_buffers用来指定客户端请求中较大的消息头的缓存最大
数量和大小，
# "4"为个数，"128K"为大小，最大缓存量为4个128K；


        Sendfile   on;
#sendfile参数用于开启高效文件传输模式。


        tcp_nopush        on;
        tcp_nodelay       on;
#将tcp_nopush和tcp_nodelay两个指令设置为on用于防止网络阻塞；


        keepalive_timeout 60;
```

```
#keepalive_timeout设置客户端连接保持活动的超时时间。在超过这个时间之
后，服务器会关#闭该连接；

    client_header_timeout    10；
#client_header_timeout设置客户端请求头读取超时时间。如果超过这个时间，
客户端还没有
#发送任何数据，Nginx将返回"Request time out（408）"错误；

    client_body_timeout    10；
#client_body_timeout设置客户端请求主体读取超时时间。如果超过这个时间，
客户端还没有#发送任何数据，Nginx将返回"Request time out（408）"错误，
默认值是60；

    send_timeout        10；
#send_timeout指定响应客户端的超时时间。这个超时仅限于两个连接活动之间
的时间，如果#超过这个时间，客户端没有任何活动，Nginx将会关闭连接。
```

## 5.6.3.1负载均衡

Nginx 的负载均衡就是在一个集群中有多个相同服务时，通过配置合理的分配策略，把请求转发到不同的服务上，从而实现整体服务性能最优。

```
http{
upstream 负载均衡模块名称 {
负载均衡策略
}
server{
location /{
...
proxy_pass http:// 负载均衡模块名称 ；
}
}
}
```

upstream 是负载均衡节点名称，主要完成 Nginx 的负载均衡策略配置，目前 Nginx 的负载均衡模块如主要包含下几种调度算法，下面分别进行介绍。

| 轮询（默认） | 每个请求按时间顺序逐一分配到不同的后端服务器，如果后端某台服务器宕机，故障节点被自动剔除，使用户访问不受影响 |
|---|---|
| Weight | 指定轮询权值，Weight 值越大，分配到的访问机率越高，主要用于后端每个服务器性能不均的情况下 |
| ip_hash | 每个请求按访问 IP 的 hash 结果分配，这样来自同一个 IP 的访客固定访问一个后端服务器，有效解决了动态网页存在的 session 共享问题 |
| fair | 比上面两个更加智能的负载均衡算法。此种算法可以依据页面大小和加载时间长短智能地进行负载均衡，也就是根据后端服务器的响应时间来分配请求，响应时间短的优先分配。Nginx 本身是不支持 fair 的，如果需要使用这种调度算法，必须下载 Nginx 的 upstream_fair 模块 |
| url_hash | 按访问 url 的 hash 结果来分配请求，使每个 url 定向到同一个后端服务器，可以进一步提高后端缓存服务器的效率。Nginx 本身是不支持 url_hash 的，如果需要使用这种调度算法，必须安装 Nginx 的 hash 软件包 |
| Random | 根据随机算法，将请求随机分配到后端服务器中，可以优化热点集中的情况，但是，不适合对命中率有要求的场景 |
| least_conn | 此负载均衡策略适合请求处理时间长短不一造成服务器过载的情况 |
| Least Response Time | 通过 ping 后端服务的平均响应时间，选择时间最小的服务器来处理请求 |

案例：

```
vim /usr/local/nginx/conf/nginx.conf

upstream web_app {
server 127.0.0.1:8080 weight=1 max_fails=2 fail_timeout=30s;
server 127.0.0.1:8180 weight=1 max_fails=2 fail_timeout=30s;
}
location / {
proxy_next_upstream http_502 http_504 error timeout invalid_header;
proxy_set_header Host $host;
proxy_set_header X-Real-IP $remote_addr;
proxy_set_header X-Forwarded-For $proxy_add_x_forwarded_for;
proxy_pass http://web_app;
root html;
index index.html index.htm;
}
```

在上面案例中，使用的是加权负载均衡，各个参数配置说明如下。

| server | 服务 |
|---|---|
| ip | 127.0.0.1:8080 集群中包含的后端服务和端口 |
| weight | 权重 |
| max_fails | 在 fail_timeout 时间内最大失败次数，如果所有都失败，任务服务就停止 |
| fail_timeout | 失败轮询时长 |

location 节点中 proxy_pass 后的值要与 upstream 定义的模块名一致，否则找不到负载均衡策略。

### 5.6.3.2 Nginx性能优化建议

Nginx 在企业中成为性能瓶颈的概率是比较低的，但也有例外情况，如：nginx.conf 配置文件中以"timeout"结尾的配置参数不合理；"worker_processes*worker_connections"的值太小；负载均衡策略不合理，导致请求都集中在集群中某一个或少量几个服务上，都是会导致性能问题的。

所以对于 Nginx 的性能分析，主要就是合理调整 nginx.conf 配置文件中的参数，这就要求我们对这些配置参数比较熟悉。

### 5.6.3.3 Nginx监控

要实现用 prometheus 监控平台监控 nginx，需要安装 nginx-module-vts 和 nginx-vts-exporter。

1）下载 nginx-module-vts。

```
# 安装 git
yum install git -y


# 进入 /opt 路径
git clone https://gitee.com/mirrors/nginx-module-vts.git
```

2）重新编译安装 nginx，增加 nginx-module-vts 插件。

```
# 停止 nginx 服务
ps -ef |grep nginx
kill -9 nginx进程id

# 进入 nginx 的源码包文件夹
./configure --prefix=/usr/local/nginx --with-http_stub_status_module \
--with-http_ssl_module --add-module=/opt/nginx-module-vts/
# --add-module 的路径要与上面下载文件路径一致

make && make install

# 启动 nginx
/usr/local/nginx/sbin/nginx
```

3）下载 nginx-vts-exporter。

```
# 安装 wget
yum install wget -y
wget https://github.com/hnlq715/nginx-vts-exporter/releases/download/
v0.10.3/nginx-vts-exporter-0.10.3.linux-amd64.tar.gz
```

4）安装 nginx-vts-exporter。

```
# 进入解压后的文件夹
tar -xzvf nginx-vts-exporter-0.10.3.linux-amd64.tar.gz
cd nginx-vts-exporter

# 获取帮助
./nginx-vts-exporter --help

# 启动
nohup ./nginx-vts-exporter -nginx.scrape_uri=http://localhost/status/
format/json &
```

启动好 nginx-vts-exporter 后，用浏览器访问 http://nginx 机器 ip:9913，查看是否能正常访问。

5）修改 nginx.conf 配置文件。

```
vim /usr/local/nginx/conf/nginx.conf

http {
...
vhost_traffic_status_zone;
vhost_traffic_status_filter_by_host on;
...
upstream web_app {
server 127.0.0.1:8080 weight=1 max_fails=2 fail_timeout=30s;
server 127.0.0.1:8180 weight=1 max_fails=2 fail_timeout=30s;
}
...
server {
...
location /status {
vhost_traffic_status_display;
vhost_traffic_status_display_format html;
}
location / {
proxy_next_upstream http_502 http_504 error timeout invalid_header;
proxy_set_header Host $host;
proxy_set_header X-Real-IP $remote_addr;
proxy_set_header X-Forwarded-For $proxy_add_x_forwarded_for;
proxy_pass http://web_app;
root html;
index index.html index.htm;
}
...
}
}
```

6）重新加载 nginx 配置文件。

```
# 验证 nginx 配置文件修改是否正确，如果出现，请求根据错误修改
/usr/local/nginx/sbin/nginx -t

# 重新加载 nginx 配置文件
/usr/local/nginx/sbin/nginx -s reload
```

7）修改 prometheus.yml 配置文件。

```
- job_name: 'nginx-vts'
  static_configs:
  - targets: [' 被监控机器ip:9913']
```

8）启动 prometheus 和 grafana。

9）登录 grafana，引入模板 2949。

引入模板后，监控界面如下所示。

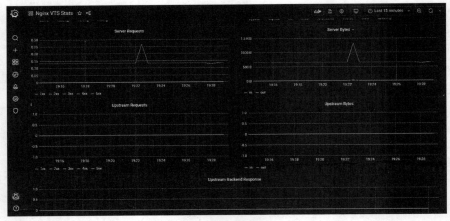

图5-6-6 服务器中间件-nginx

# 服务器架构演进——阶段三

应用服务通过集群部署的方式，可以使性能得到较大的提升，此时数据库服务器可能成为新的性能瓶颈。在实际应用中，数据库服务器的读和写业务使用频率差异非常大。通过部署多个数据库服务器，实现数据库的主从同步和读写分离，可以有效地减轻数据库压力，大大减轻磁盘 IO 等性能问题。

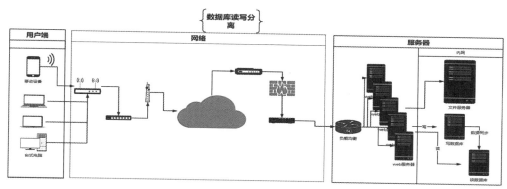

服务器架构演进(三)-服务器架构演进5

在数据库读写分离的基础上，还可以通过缓存数据库和数据库分表分区来进一步提升数据库的性能。

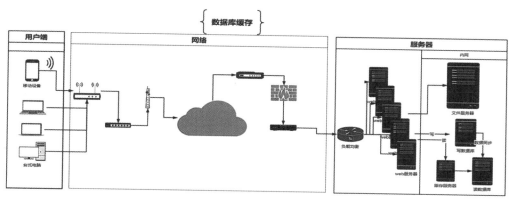

服务器架构演进(三)-服务器架构演进6

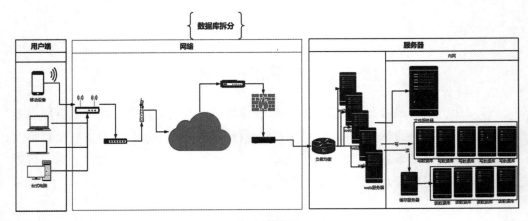

服务器架构演进(三)-服务器架构演进7

## ◎ 5.7 数据库

### 5.7.1 数据库相关概念

数据（data）是描述事物的符号记录。数据的种类有数字、文字、图形、图像、声音、音频、视频等，数据有多种表现形式，它们都经过数字化后存入计算机。

数据库（database）是长期储存在计算机内的、有组织的、可共享的数据集合。数据库中的数据按一定的数据模型组织、描述和储存，具有较小的冗余度、较高的数据独立性和易扩展性，并可为各种用户共享。

数据库管理系统（dbms）用于建立、使用和维护数据库。它的主要功能包括数据定义、数据操作、数据库的运行管理、数据库的建立和维护等几个方面。

### 5.7.2 数据库的分类

当前企业中使用的数据库管理系统类型，大体可以分为三类：关系型数据库系统、非关系型数据库系统和时序数据库系统。

关系型数据库系统是指用关系模型来组合、管理数据库各张表之间关系，用行和列构成表来存储数据的数据库系统，他们有统一标准的 SQL 语句。常见的 MySQL、Postgresql、Oracle、DB2、SQLServe、Sqlite 等都是关系型数据库。

非关系型数据库系统也是用表来存储数据，只是数据没有统一的格式，各种类型的数据都可以存储，表与表之间也没有强关联关系；非关系型数据库没有统一标准的 SQL，但是都会有各自对应的操作语句（命令）。常见的 Redis、MongoDB、

HBase 都是非关系型数据库。

时序数据库系统则是根据时间顺序来存储数据。它们也没有统一的 SQL，但是每种时序数据库都有自己的 SQL 的。常见的 Influxdb、Prometheus 等就是时序数据库。

关系型数据库表结构格式一致，易于维护且有通用的 SQL，使用方便还能实现复杂的数据查询，数据存储在磁盘中数据也比较安全。非关系型数据库系统能存储不同类型数据，存储灵活，速度快，效率高，易于扩展，性能也很稳定。时序数据库存储的每个数据都有一个时间，天生适合做图表，所以它一般用于存储监控数据并生成监控图表。

现在企业中一般会用关系型数据库系统来存储格式化的数据，用非关系型数据库系统来存储格式不确定或性能要求比较高的数据。我们本章节对于数据库的性能分析学习主要基于关系型数据库系统和非关系型数据库系统。

### 5.7.3 MySQL 安装

MySQL 数据库是一个关系型数据库，是当前企业中使用最广泛的数据库。MySQL 的安装方法很多，下面演示在 centos7 系统中直接安装 MySQL5.7.x 版本。

1）下载 MySQL8 的源并安装。

```
wget https://dev.mysql.com/get/mysql80-community-release-el7-5.noarch.rpm
rpm -Uvh mysql80-community-release-el7-5.noarch.rpm
```

2）修改 MySQL 的源指向 5.7 版本。

```
vim /etc/yum.repos.d/mysql-community.repo

[mysql57-community]
name=MySQL 5.7 Community Server
baseurl=http://repo.mysql.com/yum/mysql-5.7-community/el/7/$basearch
enabled=0 # 把这个改为1

gpgcheck=1
gpgkey=file:///etc/pki/rpm-gpg/RPM-GPG-KEY-mysql-2022
file:///etc/pki/rpm-gpg/RPM-GPG-KEY-mysql
[mysql80-community]
name=MySQL 8.0 Community Server
```

```
baseurl=http://repo.mysql.com/yum/mysql-8.0-community/el/7/$basearch
enabled=1 # 把这个改为 0

gpgcheck=1
gpgkey=file:///etc/pki/rpm-gpg/RPM-GPG-KEY-mysql-2022
file:///etc/pki/rpm-gpg/RPM-GPG-KEY-mysql
# enable 为 0 代表禁用， 1 代表启用
# 修改保存后，再次执行 yum repolist all | grep mysql 就能看到现在默认
mysql的版本是 57
```

3）安装 MySQL5.7 的 server。

```
yum install mysql-community-server -y
```

4）启动 MySQL 服务。

```
# 启动mysql
systemctl start mysqld.service

# 查看mysql服务状态
systemctl status mysqld.service
```

5）修改 MySQL 的密码等级，设置完毕后重启 mysql。

```
vi /etc/my.cnf
# 添加 validate_password_policy 配置 0（LOW）, 1（MEDIUM）, 2（STRONG）
validate_password_policy=0
# 关闭密码策略
validate_password = off
# 设置字符集
[mysqld]
character-set-server=utf8mb4
collation-server=utf8mb4_general_ci
init_connect='SET NAMES utf8mb4'
# ------------

# 重启 mysql
systemctl restart mysqld
```

6）修改 MySQL 的 root 账号密码。

```
# 获取密码，执行如下命令对日志文件进行搜索，可以找到root用户的初始密码
grep "password" /var/log/mysqld.log
# 首次登录时，输入查询到的初始密码
mysql -uroot -p


# 修改root用的密码
ALTER USER 'root'@'localhost' IDENTIFIED BY '你的新密码';

# 完成上述操作后，输入下面的指令，开启远程访问
GRANT ALL PRIVILEGES ON *.* TO 'root'@'%' IDENTIFIED BY ' 你的新密码 '
WITH GRANT OPTION;
FLUSH PRIVILEGES;
exit;


# 重启MySQL让设置生效
systemctl restart mysqld
```

## 5.7.4 MySQL存储引擎

数据库存储引擎是影响数据库性能的重要因素。

数据库存储引擎是数据库底层软件组件，数据库管理系统（DBMS）使用数据引擎进行创建、查询、更新和删除数据操作。简而言之，存储引擎就是指表的类型，数据库的存储引擎决定表在计算机中的存储方式，不同的存储引擎提供不同的存储机制、索引技巧、锁定水平，各个数据库管理系统都支持多种不同的数据引擎，MySQL 的核心就是插件式存储引擎。

使用"SHOW ENGINES;"语句可以查看当前数据库支持的所有存储引擎，如下图所示。

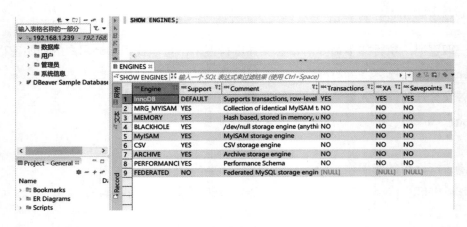

图5-7-1 数据库知识-MySQL-1

> Engine 列代表存储引擎类型；Support 列代表对应存储引擎是否能用，YES 表示可以用，NO 表示不能用，DEFAULT 表示当前默认的存储引擎。

MySQL 提供了多种不同存储引擎，也可以在一个数据库中，针对不同的对象使用不同的存储引擎。通过"SHOW VARIABLES LIKE '%storage_engine%';"语句可以查看当前数据库默认的存储引擎，如下所示。

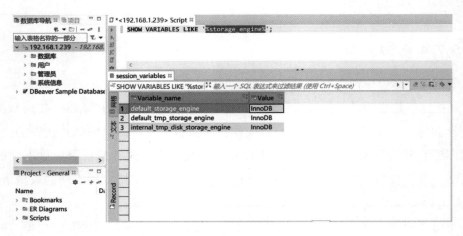

图5-7-2 数据库知识-MySQL-2

MySQL 数据库在 5.5 及以后的版本，表的存储引擎默认是 InnoDB；而在此之前默认是 MyISAM。以 Linux 系统下安装的 MySQL 为例，当创建一个表时，会在"/var/lib/mysql/ 库名称"文件夹下生成表名称对应的相关文件。创建 InnoDB 存储引擎的表会生成 frm 和 ibd 两个文件，其中 frm 是表结构文件，ibd 是表数据文件；

创建 MyISAM 存储引擎的表会生成 frm、MYD、MYI 三个文件，其中 frm 是表结构文件，MYD 是表数据文件，MYI 是表索引文件（如下图）。所以对 MySQL 表的操作，可以理解为对这些磁盘文件的读写操作。

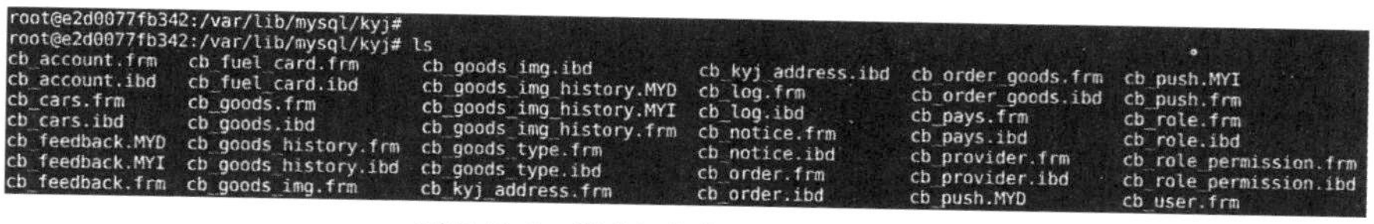

图5-7-3 数据库知识-MySQL-3

InnoDB 是事务优先型存储引擎，支持事务安全表（ACID），为 MySQL 提供了具有提交、回滚和崩溃恢复能力的事务安全（ACID 兼容）。InnoDB 表自动增长列必须是索引，如果是组合索引，也必须是组合索引的第一列，InnoDB 设计的目标是处理大容量的数据库系统，这种引擎的表会通过在内存中建立缓冲池用来缓冲数据和索引；InnoDB 是 MySQL 中唯一支持外键的存储引擎。

MyISAM 是基于 ISAM 存储引擎，并对其进行扩展，拥有较高的插入、查询速度，但不支持事务也不支持外键。

下表是这两种不同数据库引擎的对比。

表5-7-1 InnoDB与MyISAM存储引擎对比

| 项 | InnoDB | MyISAM |
|---|---|---|
| 事务支持 | 支持事务、外键等高级功能 | 不支持事务等高级处理 |
| 锁定方式 | 支持行锁，当不确定范围时，会锁表 | 表锁 |
| 性能表现 | InnoDB 引擎表在提交大量数据时，可以先关闭自动提交事务（通过"set autocommit=0;"语句），待数据执行完后，再开启事务自动提交（通过"set autocommit=1;"语句），以此来提高速度，否则大量数据的提交会非常慢。对于 auto_increment 类型的字段，InnoDB 中必须包含只有该字段的索引 | 强调的是性能，读性能非常好，比 InnoDB 速度要快；MyISAM 类型的表对于 auto_increment 类型的字段可以和其他字段一起建立联合索引 |
| 索引 | 不支持全文索引（fulltext）、压缩引擎 | 支持全文索引（fulltext）、压缩引擎 |
| 磁盘存储 | 索引和数据是捆绑在一起的没有压缩，所以同等数据量，InnoDB 引擎表占用的存储空间更大 | 表索引和数据分开存在两个不同格式文件中，并且索引是压缩的 |
| 表数据备份 | 需要先导出 sql 备份，load table from master 操作对 InnoDB 不起作用，通过把表的引擎从 InnoDB 修改为 MyISAM，导入数据后再改回 InnoDB 可以解决这个问题 | 可以使用 load table from maste 语句进行备份 |

除了常用的 InnoDB 与 MyISAM 存储引擎,MySQL 还支持如下表所示的其它存储引擎：

表5-7-1　其他存储引擎简介

| 存储引擎 | 描述 |
|---|---|
| ARCHIVE | 用于数据存档的引擎，数据被插入后就不能再修改，且不支持索引、行锁，占用磁盘少；常用于日志系统，大量的设备数据采集 |
| CSV | 在存储数据时，会以逗号作为数据项之间的分隔符；常用于数据库的快速导出导入，表格转换为 csv |
| BLACKHOLE | 会丢弃写操作，该操作会返回空内容 |
| FEDERATED | 将数据存储在远程数据库中，用来访问远程表的存储引擎 |
| InnoDB | 默认为 InnoDB，5.5 版本后新增，具备外键支持功能的事务处理引擎，事务优先，行锁，支持 B 树索引 |
| MEMORY | 置于内存的表，速度快，但安全没保障，只有 16M，不支持大数据存储，表锁；常用于等值查找热度较高的数据 |
| MERGE | 用来管理由多个 MyISAM 表构成的表集合 |
| MyISAM | 5.5 版本之前默认引擎，主要的非事务处理存储引擎，性能优先，表锁，支持 B 树、哈希索引 |
| NDB | MySQL 集群专用存储引擎 |

## 5.7.5 MySQL索引

索引是一种特殊的数据库结构，由数据表中的一列或多列组合而成，用于帮助我们在大量数据中快速定位数据。MySQL 数据库索引默认使用 B+ 树，数据存储的层次很低，查找数据时，磁盘 IO 交换次数少，所以查询速度相对要快很多。创建索引是一种典型的用磁盘空间换查询数据时间的优化方式。

索引文件本身有大小，表的数据越多，占用的磁盘空间就越大；但是检索时，通过索引获取数据的速度会更快；在进行表数据变更时，会要变更索引文件，所以数据变更的速度反而会变慢。索引并不是万能的，对于表数据量较少、表结构频繁变动且表中的列使用频率低等场景，通常建立索引对查询效率的优化没有太大效果，就不太适合建索引。

MySQL 的索引主要有三类：

①主键（单值）索引（primary key）：值有且仅有一个，如表中的 id，一般会当作主键。索引创建语法："create index 索引名 on 表名（字段名）"；

②唯一索引（unique index）：字段值不可重复，但可以是 NULL。索引创建语法："create unique index 索引名 on 表名（字段名）"；

③复合索引：由多个列字段名按顺序组合成为索引，使用时要按照字段顺序才能使用索引。索引创建语法："create index 索引名 on 表名（字段 1，字段 2，字段 3，…）"；

如：复合索引使用的字段顺序为 col1、col2、col3，那么 sql 语句 where 后面的条件段，只有如下几种组合，才会使用索引。

- col1
- col1, col2
- col1, col2, col3

### 5.7.6 SQL知识

关系型数据库具有统一标准的 SQL，这些 SQL 被分为 4 大类，如下表所示。

表5-7-3 标准SQL介绍

| SQL 类型 | 命令 | 用途 |
|---|---|---|
| DCL（DataControlLanguage）数据控制语言，用于确认或取消数据库用户或角色权限的变更 | GRANT | 赋予用户权限 |
| | REVOKE | 取消用户权限 |
| | COMMIT | 确认对数据库中的数据进行的变更 |
| | ROLLBACK | 回滚，取消对数据库中数据进行的变更 |
| DDL（DataDefinitionLanguage）数据定义语言，用于定义或改变表结构、数据类型、表之间的链接和约束 | DROP | 删除数据库和表 |
| | CREATE | 创建数据库和表 |
| | ALTER | 修改数据库和表的结构 |
| DML（DataManipulationLanguage）数据操作语言，用于变更表数据记录 | SELECT | 查询表中的数据 |
| | INSERT | 向表中插入新数据 |
| | UPDATE | 更新表中的数据 |
| | DELETE | 删除表中的数据 |
| DQL（Data Query Language）数据查询语言，用于查询表中数据 | SELECT | 查询表中的数据 |

其中使用最多最频繁的是 DQL-SELECT 脚本，也是性能分析的主要对象。下面通过 SELECT 语句的编写和执行过程来梳理 SELECT 语句的性能优化。

SELECT 语句

```
Select语句编写顺序如下所示：
SELECT  {*| 字段列名 }        -- 查询要显示的列名
FROM  〈表名1〉 [INNER | LEFT | RIGHT]  JOIN 〈表名2〉 ON〈关联条件表达式〉  -- 数据来源表
WHERE 〈条件表达式〉          -- 限制条件
GROUP  BY 〈字段列名〉        -- 查询的结果，按照条件字段分组
HAVING  〈expression〉          -- 过滤分组
ORDER  BY 〈字段列名〉        -- 按照字段排序
LIMIT  〈offset〉 [〈row count〉]      -- 显示数据条数
```

执行 SQL 语句时，首先会检查连接信息是否正确，然后检查 SQL 语法是否符合标准，是否有权限，再把 SQL 转换为日志文件，调用数据库的执行引擎进行日志回放，从而实现脚本的功能。

在这个过程中，会自动优化和生成 SQL 语句的执行顺序，这个顺序与编写顺序不同。SELECT 语句的执行顺序如下所示：

```
1. FROM  <表名1>  [INNER | LEFT | RIGHT]  JOIN  <表名2>  ON <关联条件表达式>

2. WHERE  <条件表达式>

3. GROUP BY  <字段列名>

4. HAVING  <expression>

5. SELECT  {*| 字段列名 }

6. ORDER  BY < 字段列名 >

7. LIMIT  <offset>[<row count>]
```

1. 先通过 FROM 子句从原表中获取数据；

2. 通过 WHERE 后面的条件过滤掉不满足条件的数据行；

3. 使用 GROUP BY 对数据进行分组；

4. 使用 HAVING 对分组的数据进行过滤，留下满足分组条件的数据行；

5. 根据 SELECT 过滤掉不需要的字段列；

6. 使用 ORDER BY 子句对数据进行排序；

7. 最后根据 LIMIT 限制，返回对应数量的行和列数据。

这就是一个 SELECT 语句的执行过程。SELECT 语句的性能优化，其实就是对这个执行过程进行优化，大家在执行或分析过程中，可以参考如下思维导图。

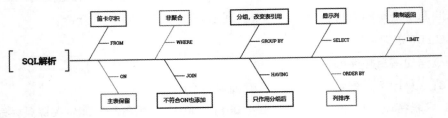

图5-7-4 数据库知识-MySQL-4

## 5.7.7 MySQL数据库"层"优化技能

MySQL 作为数据库管理系统安装在操作系统下，因此会受服务器硬件和操作系统的性能限制。以 Linux 为例，当 MySQL 安装在 Linux 操作系统下时，Linux 服务器对于机器上的进程能打开的文件数量是有限制的，而 MySQL 数据库的每张表在磁盘上对应多个磁盘文件，对表数据操作实际上就是对磁盘文件的操作，所以 MySQL 受 Linux 系统打开文件数量的限制。我们可以通过"ulimit -n"查看这个参数，也可以通过修改"/etc/security/limits.conf"文件来修改这个参数。

　　MySQL 数据库管理系统自身也有很多限制参数，合理的配置参数才能发挥 MySQL 的最优性能。可以通过"show variables;"语句可以查看 MySQL 数据库的自身配置参数，这些参数大概有 500 多个，可以通过"show variables like '% 关键词 %';"语句来查询需要的配置参数，例如：

表5-7-2　常见配置参数的关键字

| 预期 | 关键词 | 命令 |
|---|---|---|
| innodb 存储引擎相关参数 | innodb | show variables like 'innodb_%'; |
| 缓冲区相关 | buffer_size | show variables like '%buffer_%'; |
| 缓存相关 | cacahe_ | show variables like '%cache_%'; |
| 最大配置相关 | max_ | show variables like 'max_%'; |
| 限制相关 | limit | show variables like '%limit'; |
| 超时相关 | timeout | show variables like '%timeout'; |

　　通过模糊搜索，就可以找到大量重点参数。也可以通过"show global status like 关键词"语句来查询实际运行状态（如下表）。把两次查询的结果进行对比，就可以判断当前参数是否成为性能瓶颈。

表5-7-3　like状态

| 命令 | 写法 | 作用 |
|---|---|---|
| aborted_clients | SHOW GLOBAL STATUS LIKE 'aborted_clients%'; | 客户端非法中断连接次数 |
| aborted_connects | SHOW GLOBAL STATUS LIKE 'aborted_connects%'; | 连接 mysql 失败次数 |
| connections | SHOW GLOBAL STATUS LIKE '%connections%'; | 连接 mysql 的数量 |
| Created_tmp_disk_tables | SHOW GLOBAL STATUS LIKE '%Created_tmp_disk_tables%'; | 在磁盘上创建的临时表 |
| Created_tmp_tables | SHOW GLOBAL STATUS LIKE '%Created_tmp_tables%'; | 在内存里创建的临时表 |
| Created_tmp_files | SHOW GLOBAL STATUS LIKE '%Created_tmp_files%'; | 临时文件数 |
| Max_used_connections | SHOW GLOBAL STATUS LIKE '%Max_used_connections%'; | 同时使用的连接数 |
| Open_tables | SHOW GLOBAL STATUS LIKE '%Open_tables%'; | 打开的表 |
| Open_files | SHOW GLOBAL STATUS LIKE '%Open_files%'; | 打开的文件数 |
| Questions | SHOW GLOBAL STATUS LIKE '%Questions%'; | 提交到 server 的查询数 |
| Uptime | SHOW GLOBAL STATUS LIKE '%Uptime%'; | 服务器已经工作时长 |

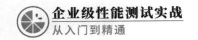

下表是一些对性能分析非常有帮助、需要重点关注的参数。

表5-7-4　数据库重要配置参数节选

| 参数 | 值 | 意思 |
|---|---|---|
| max_connections | 151 | MySQL 的最大连接数，如果服务器的并发连接请求量比较大，建议调高此值，以增加并行连接数量，当然，这建立在机器能支撑的情况下，因为如果连接数越多，由于 MySQL 会为每个连接提供连接缓冲区，就会开销越多的内存，所以要适当调整该值，不能盲目提高设值。可以过 'conn%' 通配符查看当前状态的连接数量，以定夺该值的大小。默认是 151 |
| max_connect_errors | 100 | 对于同一主机，如果有超出该参数值的中断错误连接，则该主机将被禁止连接。如需对该主机进行解禁，可通过执行 "FLUSH HOST" 语句来完成 |
| open_files_limit | 1048576 | MySQL 打开的文件描述符限制，默认最小为 1024；当没有配置 open_files_limit 时，取 max_connections*5 和 ulimit-n 二者中较大值作为 open_files_limit 的值；当配置了 open_file_limit 时，取 open_files_limit 和 max_connections*5 二者中较大值作为 open_files_limit 的值 |
| table_open_cache | 2000 | MySQL 每打开一个表，都会读入一些数据到 table_open_cache 缓存中，当 MySQL 在这个缓存中找不到相应信息时，才会去磁盘进行读取；假定系统有 200 个并发连接，则需将此参数设置为 200*N（其中 N 为每个连接所需的文件描述符数目）；当把 table_open_cache 设置为比较大时，如果系统处理不了相应数值的文件描述符，就会出现客户端失效，连接不上 |
| max_allowed_packet | 4M | 接受的数据包大小；增加该变量的值十分安全，这是因为仅当需要时才会分配额外内存。例如，当长查询或 MySQL 必须返回大的结果行时，MySQL 才会分配更多内存；该变量之所以取较小默认值是一种预防措施，以捕获客户端和服务器之间的错误信息包，并确保不会因偶然使用大的信息包而导致内存溢出 |
| binlog_cache_size | 18446744073709500000 | 是用来存储事务的二进制日志的缓存大小，默认 binlog_cache_size 大小为 32K |
| max_heap_table_size | 16777216 | 定义用户可以创建的内存表 (memory table) 的大小 |

续表

| 参数 | 值 | 意思 |
|---|---|---|
| tmp_table_size | 16777216 | 临时表大小（16M） |
| read_buffer_size | 131072 | 读入缓冲区大小。对表进行顺序扫描的请求将分配一个读入缓冲区，MySQL 会为它分配一段内存缓冲区。read_buffer_size 变量控制这一缓冲的大小；如果对表的顺序扫描请求非常频繁，并且你认为频繁扫描进行得太慢，可以通过增加该变量值以及内存缓冲区大小提高其性能 |
| read_rnd_buffer_size | 262144 | 随机读缓冲区大小。当按任意顺序读取行时（例如，按照排序顺序），将分配一个随机读缓存。进行排序查询时，MySQL 会首先扫描一遍该缓冲，以避免磁盘搜索，提高查询速度，如果需要排序大量数据，可适当调高该值。但 MySQL 会为每个客户连接发放该缓冲空间，所以应适当设置该值，以避免内存开销过大 |
| sort_buffer_size | 262144 | 排序使用的缓冲大小。如果想要增加 ORDER BY 的速度，首先看是否可以让 MySQL 使用索引而不是额外的排序；如果不能，可以尝试增加 sort_buffer_size 变量的大小 |
| join_buffer_size | 262144 | 联合查询操作所能使用的缓冲区大小，和 sort_buffer_size 一样，该参数对应的分配内存也是每个连接独享 |
| thread_cache_size | 9 | 可以重新利用保存在缓存中线程的数量，当断开连接时如果缓存中还有空间，那么客户端的线程将被放到缓存中，如果线程重新被请求，那么请求将从缓存中读取，如果缓存中是空的或者是新的请求，那么这个线程将被重新创建，如果有很多新的线程，增加这个值可以改善系统性能 |
| query_cache_size | 1048576 | 查询缓冲区大小 |
| query_cache_limit | 1048576 | 单个查询能够使用的缓冲区大小 |
| key_buffer_size | 8388608 | 用于索引的缓冲区大小，如果太大，系统将开始换页并且变慢。对于内存在 4GB 左右的服务器该参数可设置为 384M 或 512M。通过检查状态值 Key_read_requests 和 Key_reads，可以知道 key_buffer_size 设置是否合理 |
| ft_min_word_len | 4 | 分词词汇最小长度 |

续表

| 参数 | 值 | 意思 |
|---|---|---|
| transaction_isolation | REPEATABLE-READ | 事物隔离级别，支持 4 种事务隔离级别，他们分别是：READ-UNCOMMITTED、READ-COMMITTED、REPEATABLE-READ、SERIALIZABLE。如没有指定，MySQL 默认采用的是 REPEATABLE-READ |
| expire_logs_days | 30 | 数据库二进制文件保存时长，超过这个时长，就会自动删除。单位：天 |
| slow_query_log | OFF | 是否开启慢查询日志 |
| long_query_time | 10 | 慢查询阀值时间，单位：秒 |
| slow_query_log_file | /var/lib/mysql/ebceb8215a85-slow.log | 慢查询日志文件路径 |
| lower_case_table_name | 0 | 表名不区分大小写 |
| default_storage_engine | innodb | 默认存储引擎 |
| innodb_file_per_table | 1 | innodb 为独立表空间<br>独立表空间优点：①每个表都有自己独立的表空间。②每个表的数据和索引都会存在自己的表空间中。③可以实现单表在不同的数据库中移动。④空间可以回收（除 drop table 操作处，表空不能自己回收）<br>缺点：单表增加过大，如超过 100G |
| innodb_open_files | 2000 | 限制 innodb 能打开的表数据 |
| innodb_buffer_pool_size | 64M | 使用一个缓冲池来保存索引和原始数据的大小，设置越大，在存取表里面数据时所需要的磁盘 I/O 越少 |
| innodb_write_io_threads | 4 | innodb 使用后台线程处理数据页上的读写 I/O（输入输出）请求，根据 CPU 核数来更改，默认是 4 |
| innodb_read_io_threads | 4 | 线程处理数据页上的读写 I/O（输入输出）请求，根据 CPU 核数来更改 |
| innodb_thread_concurrency | 0 | 不限制并发数 |
| innodb_purge_threads | 4 | 清除操作是否使用单独线程，默认 0 不使用，1 使用 |
| innodb_log_buffer_size | 2M | 日志文件所用的内存大小 |
| innodb_log_file_size | 32M | 数据日志文件的大小，更大的设置可以提高性能，但也会增加恢复故障数据库所需的时间 |
| innodb_log_files_in_group | 3 | 循环方式将日志文件写到多个文件 |

| 参数 | 值 | 意思 |
|---|---|---|
| innodb_max_dirty_pages_pct | 90 | 用来控制 buffer pool 中脏页的百分比，当脏页数量占比超过这个参数设置的值时，InnoDB 会启动刷脏页的操作。该参数只控制脏页百分比，并不会影响刷脏页的速度 |
| innodb_lock_wait_timeout | 120 | 事务在被回滚之前可以等待一个锁定的超时秒数。 |
| interactive_timeout | 28800 | 服务器关闭交互式连接前等待活动的秒数 |
| wait_timeout | 31536000 | 服务器关闭非交互连接之前等待活动的秒数。在线程启动时，根据全局 wait_timeout 值或全局 interactive_timeout 值初始化会话 wait_timeout 值，取决于客户端类型（由 mysql_real_connect() 的连接选项 CLIENT_INTERACTIVE 定义）。参数默认值：28800 秒（8 小时） |

## 5.7.8 MySQL数据表"层"优化技能

前面讲了表的存储引擎，不同的存储引擎性能是不一样的。所以根据实际情况、合理选择表的存储引擎是有助于提高表的性能的。当一张表的数据量级在十万级以上时，需要考虑建立合适的索引。而如果数据量特别大，还需要考虑做主从同步、读写分离和分表分区，不断提高数据库性能。

### 一、慢 sql 优化

索引正确的创建和使用，可以有效地提高 SQL 的查询速度。通过获取查询数据比较慢的 SQL、分析它们的性能，然后针对性创建索引，才能有效地提升 SQL 的性能。

获取慢查询 SQL。

1. 修改数据库慢 SQL 的阈值"long_query_time"参数。在数据库的参数配置文件的"[mysqld]"节点下，增加一行"long_query_time=1"，定义慢查询 SQL 的阈值为 1 秒种，然后重启 MySQL 数据库服务。

2. 临时开启慢查询 SQL 日志记录开关，执行"set global slow_query_log=ON;"SQL 语句。

3. 查看慢查询 SQL 日志文件路径。执行"show variables like 'slow_query_log%';"SQL 语句，获取"slow_query_log_file"的值，即为慢查询 SQL 日志文件路径。

4. 执行性能测试，获取慢查询 SQL 日志文件中的日志。

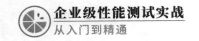

企业级性能测试实战
从入门到精通

解析 sql 执行过程:

当我们在日志文件找到一个慢查询 SQL 时，可以通过在 SQL 前添加"EXPLAIN"关键字来解析该 SQL 的执行过程。

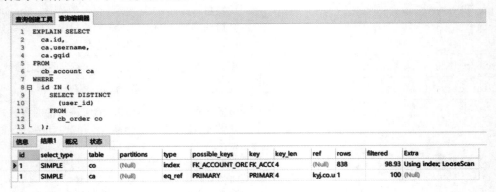

图5-7-5 数据库-MySQL-5

上图中查询结果的字段的详细说明如下。

id: id 相同时，sql 的执行顺序是从上往下；id 不相同时，sql 的执行顺序是从大到小。

select_type: 查询类型，查询的类型有多种，如下表所示。

表5-7-5 查询类型

| 枚举 | 意思 |
| --- | --- |
| SIMPLE | 简单的 SELECT，不使用 union 或子查询 |
| PRIMARY | 查询中包含复杂的子查询，最外层的 select 被标记为 PRIMARY |
| UNION | union 中第二个或后面的 select 语句 |
| DEPENDENT UNION | union 中的第二个或后面的 select 语句，取决于外面的查询 |
| UNION RESULT | union 的结果 |
| SUBQUERY | 子查询的第一个 select |
| DEPENDENT SUBQUERY | 子查询中的第一个 select，取决于外面的查询 |
| EDRIVED | 衍生查询，使用了临时表 (select、from 子句的子查询 ) |
| UNCACHEABLE SUBQUERY | 一个子查询的结果不能被缓存，必须重新评估外链接的第一行 |

table: 执行的表。如果脚本中给表取了别名，则显示别名。

partitions: 数据所在的分区。

type: 类型，是 sql 性能的重要参考值，常见的 type 类型如下所示。

- 220 -

表5-7-6　type类型

| 类型 | 意思 |
|---|---|
| ALL | 全表扫描 Full table scan |
| index | 遍历索引数据 Full index scan |
| range | 使用一个索引来检索给定范围的行 |
| ref | 使用了索引列上值进行查询 |
| eq_ref | 类似 ref，只是使用的索引为唯一索引 |
| const、system | MySQL 对查询某部分进行优化，并转换为一个常量时，使用这些类型访问。如将主键置于 where 列表中，MySQL 就能将该查询转换为一个常量，system 是 const 类型的特例，当查询的表只有一行的情况下，使用 system |
| NULL | MySQL 在优化过程中分解语句，执行时甚至不用访问表或索引 |

通过 type 类型值，基本就能判断 SQL 的性能优劣，如 ALL 说明进行了全表扫描，要找到目标数据，需要把表中所有数据都找一遍，表的数据量越大查找的时间就会越长，性能很差；index 说明使用了索引，性能会比 ALL 要好，但是却是全索引扫描，每查找一个数据，都要把索引文件内容全部找一遍，性能依然比较差；range 是查询一定范围的索引数据，性能就会比 index 要好很多；ref 是使用率明确的索引列的值，进一步的缩小了范围；而 eq_ref 则是使用率索引列中的唯一值，范围更精确。对 type 类型值的性能进行一个排序：system>const>eq_ref>ref>range>index>all，越靠左性能越好，性能分析 sql 优化的目标是 type 值越往左越好。

prossible_keys：可能使用的索引。

key：实际使用的索引，SQL 执行过程中实际使用的索引的名称。为空说明没有使用索引。

key_len：实际使用的索引长度，索引字段在数据库中存储数据的字节长度。

ref：表之间的匹配条件。

rows：获取数据查询的数据量。一般综合 type + rows + Extra 来判断 SQL 性能如何。

Extra：额外的信息，额外的信息也可以帮助我们去做判断，详见下表。

表5-7-7 extra的枚举信息

| 枚举 | 意思 |
|---|---|
| Using where | 显示的字段，不在索引（select 的字段，有的不在索引中，要从源 table 表中查询）也就是说，根据 where 条件过滤，条件没有用上索引 |
| Using index | 使用了索引，不用回表查询，能够起到性能提升 |
| Using temporary | 使用了临时表，性能消耗比较大，常见于 group by 语句 |
| Using filesort | 使用文件排序，无法利用索引完成排序操作，性能消耗非常大，常见于 order by 语句 |
| Using join buffer | MySQL 引擎使用了连接缓存 |
| Impossible where | where 子句永远为 false |
| Select tables optimized away | 仅通过使用索引，优化器可能仅从聚合函数结果中返回一行 |
| NULL、空 | 空 |

若 "key" 为空，则说明 sql 没有使用索引，就可以考虑根据 sql 语句中 where 后面的查询条件字段来建立索引，这样创建的索引一般都是比较合适的。当然，除了建索引，我们还有其他 sql 优化的方法：

• 在写 on 语句时，将数据量小的表放左边，数据量大的表写右边。

• where 后的条件尽可能用索引字段，复合索引时，最好按复合索引顺序写 where 条件。

• where 后面有 in 语句或 in 字段的索引，最好放复合索引的后面，因为 in 的字段索引可能会失效。

• 模糊查询时，尽量用常量开头，不要用 % 开头，因为用 % 开头查询索引将失效。

• 尽量不要使用 or，否则索引失效。

• 尽量不要使用类型转换，否则索引失效。

• 如果主查询数据量大，则使用 in；如果子查询数据量大，则使用 exists。

• 查询哪些列，就根据哪些列 group by，不然会产生一个临时表。

• select * from 查询时，一般情况下，除非需要使用表中所有字段数据，否则最好不要使用通配符 "*"，虽然使用通配符可以节省输入查询语句的时间，但是获取不需要的列数据通常会降低查询和所使用的应用程序的效率。

## 二、主从同步、读写分离

MySQL Replication(mysql 主从复制）是指数据可以从一个主节点复制到一个或多个从节点的方式。数据库有锁机制，在锁表时会影响读操作，使用主从复制，让主库负责写，从库负责读，这样就算出现锁表，也可以通过读从库保证业务正常；

主从同步数据实时备份，当数据库某个节点出现故障时，能快速切换。

主从环境搭建。

①准备 2 台 Linux 机器并网络互通，分别安装 MySQL 数据库；或在 1 台 Linux
机器上使用 Docker 创建 2 个 MySQL 数据库容器。

②自定义主、从数据库，操作如下。

修改第一个数据库的配置文件my.cnf文件，在 [mysqld] 节点下，增加如下语句。

```
[mysqld]
...
server-id=100
log-bin=mysql-bin


# server-id 是唯一的服务器 id, 非 0 整数即可, 但不能重复
# log-bin 使用 binary logging, mysql-bin 是 log 的文件名称前缀
# binary logging 就是二进制日志
```

重启数据库后，这个数据库就作为主数据库；然后再修改第二个数据库的配置
文件 my.cnf 文件，在 [mysqld] 节点下，增加如下语句。

```
[mysqld]
...
server-id=101
log-bin=mysql-bin


# server-id大一些, 作为从数据库
```

重启数据库后，这个数据库就当作从数据库。

③在从数据库中配置主数据库信息：执行如下 SQL 即可配置成功。

```
CHANGE MASTER TO
MASTER_HOST='xxx.xxx.xxx.xxx',      -- 主数据库 ip
MASTER_PORT=3306,           -- 主机的端口
MASTER_USER='root',        -- 登录主数据库的账户, 该账户要有数据读取权限
MASTER_PASSWORD='xxx';     -- 登录主数据库的账号密码
START SLAVE;   -- 启动从服务
```

④验证数据同步服务；在从数据库中，执行 SQL："show slave status;"。

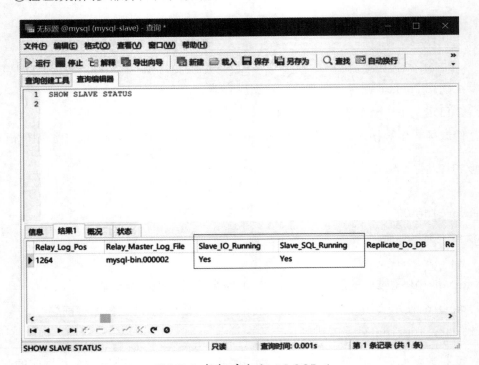

图5-7-6 数据库知识-MySQL-6

Slave_IO_Runing、Slave_SQL_Runing 都是 Yes 说明主从数据库已经配置完成。

> 注意：当 Slave_IO_Runing、Slave_SQL_Runing 不是 Yes 状态时，可能是在从数据库中执行的 SQL 有问题，先执行 "STOP SLAVE;" SQL 语句停止从节点服务，再执行修改后的 SQL 脚本，并执行 "START SLAVE;" 启动从节点服务，最后通过 "SHOW SLAVE STATUS;" 查看状态。

主从同步的数据库环境搭建完成后，在主数据库中做的任何操作，都会以二进制日志文件的方式同步给从数据库，从数据库回放日志文件，实现与主数据库完全相同的操作。

开发人员在编写程序代码时，如需要变更数据库中的数据，就调用主数据库进行操作，需要获取数据就调用从数据库进行操作，这样就实现了对数据库的读写分离操作，可以大大提升数据库业务的效率和性能。

### 三、分表分区

分表是把一张表的数据分到多张实体表中，表在磁盘上的文件数量增大但每个文件变小，从而提升对数据的操作性能。分区是把一张表的数据根据一定的规则，自定义存储到不同的磁盘和位置，从而充分利用磁盘的性能来提升数据库的性能。

分表按照拆分类型可分为垂直分表和水平分表。垂直分表是按照一定的拆分规则，把原表的列拆分到多张实体表，实现数据的分开存储。如：根据业务对表中字段使用频率的差异，把表中的列拆分到不同表。水平分表是按照一定的拆分规则，把原表中的数据行拆分到多张实体表，这样，降低了表的数据量级。如：根据写入数据的年份或月份把表中的数据行拆分。

垂直分表对表的存储引擎没有要求，但是水平分表要求子表的存储引擎只能是MyISAM，主表的存储引擎是 MRG_MYISAM。

分区也有垂直分区 (VerticalPartitioning) 和水平分区 (HorizontalPartitioning)。垂直分区就是根据一定的规则，把数据列存放到不同磁盘位置。水平分区就是根据一定的规则，把数据行存放到不同磁盘位置。

MySQL 在 5.7 及以后的版本默认支持数据库分区。可以通过执行 SQL："show plugins;"；来查看数据库是否支持分区，参数 partition 值为 ACTIVE 则表示支持分区。

```
mysql> show plugins;
+----------------------------------+----------+--------------------+--------+
| Name                             | Status   | Type               | Libra  |
+----------------------------------+----------+--------------------+--------+
| binlog                           | ACTIVE   | STORAGE ENGINE     | NULL   |
| mysql_native_password            | ACTIVE   | AUTHENTICATION     | NULL   |
| sha256_password                  | ACTIVE   | AUTHENTICATION     | NULL   |
| InnoDB                           | ACTIVE   | STORAGE ENGINE     | NULL   |
| INNODB_TRX                       | ACTIVE   | INFORMATION SCHEMA | NULL   |
| INNODB_LOCKS                     | ACTIVE   | INFORMATION SCHEMA | NULL   |
| INNODB_LOCK_WAITS                | ACTIVE   | INFORMATION SCHEMA | NULL   |
| INNODB_CMP                       | ACTIVE   | INFORMATION SCHEMA | NULL   |
| INNODB_CMP_RESET                 | ACTIVE   | INFORMATION SCHEMA | NULL   |
| INNODB_CMPMEM                    | ACTIVE   | INFORMATION SCHEMA | NULL   |
| INNODB_CMPMEM_RESET              | ACTIVE   | INFORMATION SCHEMA | NULL   |
| INNODB_CMP_PER_INDEX             | ACTIVE   | INFORMATION SCHEMA | NULL   |
| INNODB_CMP_PER_INDEX_RESET       | ACTIVE   | INFORMATION SCHEMA | NULL   |
| INNODB_BUFFER_PAGE               | ACTIVE   | INFORMATION SCHEMA | NULL   |
| INNODB_BUFFER_PAGE_LRU           | ACTIVE   | INFORMATION SCHEMA | NULL   |
| INNODB_BUFFER_POOL_STATS         | ACTIVE   | INFORMATION SCHEMA | NULL   |
| INNODB_TEMP_TABLE_INFO           | ACTIVE   | INFORMATION SCHEMA | NULL   |
| INNODB_METRICS                   | ACTIVE   | INFORMATION SCHEMA | NULL   |
| INNODB_FT_DEFAULT_STOPWORD       | ACTIVE   | INFORMATION SCHEMA | NULL   |
| INNODB_FT_DELETED                | ACTIVE   | INFORMATION SCHEMA | NULL   |
| INNODB_FT_BEING_DELETED          | ACTIVE   | INFORMATION SCHEMA | NULL   |
| INNODB_FT_CONFIG                 | ACTIVE   | INFORMATION SCHEMA | NULL   |
| INNODB_FT_INDEX_CACHE            | ACTIVE   | INFORMATION SCHEMA | NULL   |
| INNODB_FT_INDEX_TABLE            | ACTIVE   | INFORMATION SCHEMA | NULL   |
| INNODB_SYS_TABLES                | ACTIVE   | INFORMATION SCHEMA | NULL   |
| INNODB_SYS_TABLESTATS            | ACTIVE   | INFORMATION SCHEMA | NULL   |
| INNODB_SYS_INDEXES               | ACTIVE   | INFORMATION SCHEMA | NULL   |
| INNODB_SYS_COLUMNS               | ACTIVE   | INFORMATION SCHEMA | NULL   |
| INNODB_SYS_FIELDS                | ACTIVE   | INFORMATION SCHEMA | NULL   |
| INNODB_SYS_FOREIGN               | ACTIVE   | INFORMATION SCHEMA | NULL   |
| INNODB_SYS_FOREIGN_COLS          | ACTIVE   | INFORMATION SCHEMA | NULL   |
| INNODB_SYS_TABLESPACES           | ACTIVE   | INFORMATION SCHEMA | NULL   |
| INNODB_SYS_DATAFILES             | ACTIVE   | INFORMATION SCHEMA | NULL   |
| MyISAM                           | ACTIVE   | STORAGE ENGINE     | NULL   |
| MRG_MYISAM                       | ACTIVE   | STORAGE ENGINE     | NULL   |
| CSV                              | ACTIVE   | STORAGE ENGINE     | NULL   |
| MEMORY                           | ACTIVE   | STORAGE ENGINE     | NULL   |
| partition                        | ACTIVE   | STORAGE ENGINE     | NULL   |
| PERFORMANCE_SCHEMA               | ACTIVE   | STORAGE ENGINE     | NULL   |
| ARCHIVE                          | ACTIVE   | STORAGE ENGINE     | NULL   |
| BLACKHOLE                        | ACTIVE   | STORAGE ENGINE     | NULL   |
| FEDERATED                        | DISABLED | STORAGE ENGINE     | NULL   |
| ngram                            | ACTIVE   | FTPARSER           | NULL   |
+----------------------------------+----------+--------------------+--------+
43 rows in set

mysql>
```

图5-7-7 数据库知识-MySQL-7

常见的分区类型如下。

- RANGE 分区：基于给定的连续区间访问，把数据分配到不同分区。
- LIST 分区：基于枚举值列表进行分区。
- COLUMNS 分区：分 range columns 和 list columns 分区。
- HASH 分区：基于给定的分区个数进行分区。
- KEY 分区：类似 hash 分区。
- COMPOSITE 分区：复合分区。

下面是分区的新增、重建、修改和删除操作语法。

新增分区

```
-- 新增 range 分区
create table 表名 ( 字段 ...)partition by range ( 某个字段名 )
(partition 分区名 values less than( 范围值 ) data directory = ' 磁盘路
径 ' index directory = ' 磁盘路径 ',......)engine=Innodb charset=utf8;


--新增 list 分区
create table 表名 ( 字段 ...)partition by list ( 某个字段名 )
(partition 分区名 values in( 值 ) data directory = ' 磁盘路径 ' index
directory = ' 磁盘路径 ',......)engine=Innodb charset=utf8;


--新增 hash 分区
create table 表名 ( 字段 ...)partition by hash ( 某个字段名 )
partitions 下面分区数量 (partition 分区名 data directory = ' 磁盘路径
' index directory = '磁盘路径 ',......)engine=Innodb charset=utf8;


--新增 key 分区
create table 表名 ( 字段 ...)partition by key ( 某个字段名 ) partitions
下面分区数量 (partition 分区名 data directory = ' 磁盘路径 ' index
directory = ' 磁盘路径 ',......)engine=Innodb charset=utf8;
```

重建分区

```
-- 重建 range 分区
alter table 表名 reorganize partition 分区名 1, 分区名 2...
into(partition分区名 0 values less than ( 范围值 ));  -- 将原来的分区
1, 分区 2 合并到新的分区0 中


-- 重建 list 分区
alter table 表 名 reorganize partition 分区名 1, 分区名 2...
into(partition
分区名 0 values in( 范围值 ));  -- 将原来的 分区 1, 分区 2 合并到新的
分区 0 中


-- 重建 hash \ key 分区
alter table 表名 reorganize partition coalesce partition 分区数量; --
减少原来的分区数量到新的分区数量
```

修改分区

```
-- 新增一个 range 分区
alter table 表名 add partition (partition 分区名 values in ( 值 ) data
directory = ' 磁盘路径 ' index directory = ' 磁盘路径 ');

-- 新增 hash 、key 分区
alter table 表名 add partition partitions 8;
-- 给已有表增加分区
alter table 表名 partition by range()(partition 分区名 values less
than ( 值 ),...);

-- 按月份分区 range(moth( 字段名 )
```

删除分区

```
alter table 表名 drop partition 分区名；
```

分区在数据表优化方面有如下优势。

• 单个磁盘或文件系统可以存储更多的数据。

• 可以极大的优化查询速度，因为通过 where 子句进行查找时，不用再全分区数据查找，只需要在需要的一个或几个分区内查找即可。

• 脚本中的聚合函数，可以轻松实现并行处理。

• 可以跨磁盘分散存储数据，获得更好的 IO。

• 还原或删除某些数据时，可以轻松地实现对特定分区的操作。

分表分区均可以有效提升数据库性能，相比主从同步，因分表分区实现的技术难度稍大，因此在企业中应用范围要少一些。

更多课后阅读请扫下方二维码。

扫一扫，直接在手机上打开

图5-7-8 数据库知识-MySQL主从复制-8

扫一扫，直接在手机上打开

图5-7-9 数据库知识-MySQL主从复制-9

### 5.7.9 MySQL常见问题分析思路

MySQL 这一类的关系型数据库，在企业中最常见的性能问题有两类：连接池不够和慢 SQL。

连接池不够，在性能测试过程中，增加并发用户数，服务器处理能力不上升，导致响应时间变长或直接报"Too many connect"的错误，或出现部分请求响应码为 5xx 系列错误。

慢 sql，主要表现为不管并发用户数多少，响应时间都比较长，数据库服务器 CPU 的 us 态使用率较高，有时还会出现数据库服务器 CPU 的 wa 值较高。

对于这两类常见问题，我们的定位分析思路一般是先检查数据库的连接配置，看连接池是否为瓶颈，即使用"库"层优化技能。然后再排查慢 SQL，获取到慢 SQL 之后，第一，可以梳理 SQL 的业务逻辑，从业务逻辑上分析是否可以拆分 SQL；第二，用 explain 查看 SQL 的解析过程，分析 SQL 中最慢的环节，针对最慢的地方优先优化，如果优化空间不大，则考虑主从同步，读写分离或分表分区。

数据库性能是企业性能问题分析的重点，问题也会很多，需要大量实战经验和积累、不断学习相关知识。

### 5.7.10 MySQL监控

要实现 prometheus 监控平台监控 MySQL 数据库，需要安装 mysqld_exporter，步骤如下。

①从 github 上搜索 mysqld_exporter，下载 mysqld_exporter。

②解压下载的包。

③修改 MySQL 数据的 my.cnf 配置文件，在 [client] 节点下，如下所示。

```
# 增加
[client]
host=ip_addr      # 被监控的数据库ip地址
port=3306         # 被监控的数据库服务端口
user=user_name         # 连接数据库的账户，需要拥有管理员权限
password=user_pwd      # 数据库账户的密码
```

④进入 mysqld_exporter 包解压文件夹，启动 mysqld_exporter。

```
nohup ./mysqld_exporter --config.my-cnf=/etc/my.cnf &
```

⑤修改 prometheus.yml 配置文件。

```
- job_name: 'nginx-vts'
  static_configs:
  - targets: [' 被监控机器ip:9104']
```

⑥启动 grafana 和 prometheus。

⑦登录 grafana 平台，引入模板 7362。

图5-7-10 数据库知识-MySQL-10

在性能测试的同时开启数据库的监控，可以看到数据库各项数据的变化情况，从而为数据库性能分析提供数据支撑。

## 5.7.11 Redis知识

RemoteDictionaryServer（Redis）是一个开源的、使用 c 语言编写的、遵守 BSD 协议、支持网络、可基于内存持久化的日志型、key-value 数据库。Redis 常见的 value 值类型有：string 字符串、hash 哈希、list 列表、set 集合、sorted set 有序集合等。

Redis 是一种内存数据库，支持数据的持久化，可以将数据自动同步写入磁盘，因为内存读写速度非常快，所以 Redis 常在项目中作为缓存数据库。

Redis 的默认服务端口是 6379；默认配置文件是 redis.conf（redis.windows.conf）；默认最大连接数为 10000。

Redis 安装

Redis 的安装方法也有多种，我们可以使用源码包编译安装。

①准备 1 台 linux 系统，首先安装 gcc，make 软件。

```
# 安装gcc
yum install gcc-c++ make -y
```

②升级 gcc。

```
# 通过 "gcc -v" 可以看到此时 gcc 的版本的为 4.8.5, 但是 Redis6+ 需要
gcc 的版本大于 5.3, 所以需要升级 gcc
# 升级 gcc
$ yum -y install centos-release-scl
$ yum -y install devtoolset-9-gcc devtoolset-9-gcc-c++ devtoolset-9-
binutils
$ scl enable devtoolset-9 bash
$ echo "source /opt/rh/devtoolset-9/enable" >>/etc/profile
# 此时, 通过 gcc -v 看到 gcc 的版本应该是在 9 以上
```

③下载、编译安装 Redis。

```
# 安装Redis
$ wget http://download.redis.io/releases/redis-6.0.8.tar.gz
$ tar xzf redis-6.0.8.tar.gz
$ cd redis-6.0.8
$ make
# 可以通过PREFIX参数将Redis安装到指定路径, 如 "make PREFIX=/usr/local/
redis install" #表示安装到/usr/local/redis路径下
```

④启动 Redis。

```
# 直接启动方式
src/redis-server

# 指定 redis.conf 文件启动
src/redis-server path/to/redis.conf

# 启动时带参数
src/redis-server --protected-mode no
# protected-mode 默认也 yes, 启用保护模式, 这样可能导致第三方无法连接到服务
# 方法一, 用上面的启动命令, 后面带参数
# 方法二, 先启动, 再用 redis-cli连接Redis, 执行 "config set protected-
mode no" 命令临#时设置值为 no。注意重启Redis服务后值又会恢复为 yes。
```

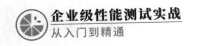

Redis 也有很多配置参数，可以通过客户端连接到 Redis 之后，执行 "config get *" 来查看所有参数，其中重要配置参数如下表所示。

表5-7-8　Redis重要配置参数

| 参数 | 说明 |
|---|---|
| bind 127.0.0.1 | 绑定服务主机 ip 地址 |
| protected-mode yes | 指定保护模式，默认开启，只运行本地客户端连接，可以设置密码或添加 bind 来连接。 |
| port 6379 | 指定监听端口，默认 6379 |
| tcp-backlog 511 | TCP 监听的最大容纳数量，在高并发时，需要调整该数值，避免客户端连接过于缓慢 |
| timeout 0 | 客户端闲置多少秒关闭连接，0 表示不限制 |
| daemonize no | 是否为守护进程；no 不是，yes 启用守护进程 |
| supervised no | 监管守护进程<br>supervised no - 没有监督互动<br>supervised upstart - 通过将 redis 置于 SIGSTOP 模式来启动信号<br>supervised systemd - 将 READY=1 写入 $NOTIFY_SOCKET<br>supervised auto 检测 upstart 或 systemd 方法，基于 UPSTART_JOB 或 NOTIFY_SOCKET 环境变量 |
| pidfile | 指定 pid 写入的文件名，以守护进程方式运行，默认会把 pid 写到 /var/run/redis.pid 文件，可以通过 pidfile 指定。 |
| loglevel notice | 指定日志级别,默认notice,共四个级别: debug 记录大量日志信息,适用于开发、测试阶段;<br>verbose 较多日志信息;<br>notice 适量日志信息,适用于生产环境;<br>warning 仅有部分重要、关键信息才会被记录 |
| logfile | 标准输出的日志，默认会将日志记录到 /dev/null 中。 |
| database 16 | 数据库的数量，默认 16 个，可以通过 select num 指定到某个数据库 |
| save | 指定多长时间内有多少次更新操作，将数据同步到数据文件<br>save 900 1 表示 15 分钟内有 1 个更新，就同步数据<br>save 300 10 表示 5 分钟内有 10 个更新，就同步数据<br>save 60 10000 表示 1 分钟内有 100000 个更新，就同步数据 |
| rdbcompression yes | 指定存储到本地数据库时是否进行数据压缩，yes 表示采用 LZF 压缩 |
| dbfilename dump.rdb | 指定本地数据库文件名称 |
| dir ./ | 指定本地数据库文件存放路径 |
| maxclients | 客户端最大并发连接数，默认无限制，0 表示不做限制，当连接数达到最大限制时，会关闭新连接并返回 max number of clients reached 错误信息 |

| maxmemory | redis 最大内存限制，redis 数据加载到内存中，当达到最大内存值时，会先清除已到期或即将到期的 key |
|---|---|
| appendonly no | 提供一种比默认更好的持久化方式，每次更新操作后，是否进行日志记录。默认情况下，redis 是异步存储数据，按照"save"配置的时间保存。所以可能在突然断电时丢失少量数据。默认 appendonly 的值为 no，表示不写日志 |
| appendfilename appendonly.aof | 更新日志的文件名称，默认 appendonly.aof |
| Appendfsync everysec | 更新日志条件：<br>no 表示等操作系统进行数据换同步到磁盘（快）<br>always 表示每次更新操作后手动调用 fsync() 将数据写到磁盘（慢，安全）<br>everysec 表示每秒同步一次（折中，默认值） |
| slowlog-log-slower-than | 记录运行中比较慢的命令耗时，当执行时 （单位：微妙）超过这个设置的阀值，就会被记录到慢日志中。 |
| slowlog-max-len 128 | 慢查询日志长度 |
| masteruser | master-slave 时的主控用户 |
| masterauth | master-slave 时的主控密码 |
| slaveof | 当为 slave 时，连接的主控机器 ip 和端口 |

执行："config set 参数名＝值"的方式，就可以修改参数值。

Redis 性能测试

在 Redis 的安装成功后，src 路径下自带了一个性能测试工具 redis-benchmark。使用这个工具可以测试当前系统中 Redis 数据的读写速度。

表5-7-10　redis-benchmark命令参数说明

| 参数 | 默认值 | 用法 |
|---|---|---|
| h | 127.0.0.1 | 服务器 ip |
| -p | 6379 | 服务器端口 |
| -s | | 指定服务器 ip 和端口 |
| -c | 50 | 并发连接数 |
| -n | 10000 | 总请求数 |
| -d | 3 | 指定 set\get 的值大小 |
| -k | 1 | 1 保存连接 0 重连 |
| -r | | SET\GET\INCR 随机 key，SADD 集合添加随机值 |
| -P | 1 | 通过管道传输请求 |
| -q | | 强制退出 redis |
| --csv | | 输出格式为 csv |
| -l | | 永远循环执行 |
| -t | | 仅允许以逗号分隔的测试命令列表 |
| -I | | Idle 模式，仅打开 N 个 idle 连接并等待 |

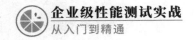

执行："src/redis-benchmark -n 10000 -q"，结果如下。

```
src/redis-benchmark -n 10000 -q

PING_INLINE: 119047.62 requests per second
PING_BULK: 129870.13 requests per second
SET: 117647.05 requests per second
GET: 133333.33 requests per second
INCR: 133333.33 requests per second
LPUSH: 135135.14 requests per second
RPUSH: 117647.05 requests per second
LPOP: 131578.95 requests per second
RPOP: 136986.30 requests per second
SADD: 138888.89 requests per second
HSET: 140845.06 requests per second
SPOP: 135135.14 requests per second
LPUSH (needed to benchmark LRANGE): 126582.27 requests per second
LRANGE_100 (first 100 elements): 65789.48 requests per second
LRANGE_300 (first 300 elements): 25974.03 requests per second
LRANGE_500 (first 450 elements): 19417.48 requests per second
LRANGE_600 (first 600 elements): 15748.03 requests per second
MSET (10 keys): 144927.55 requests per second
```

"SET"是向redis中添加字符串类型数据;"GET"是获取字符串类型数据;"LPUSH"是向Redis的列表数据类型的左边添加数据;"RPUSH"是向列表数据类型的右边添加数据;"LPOP"是从列表数据类型的左边删除数据;"RPOP"是从列表数据类型的右边删除数据;"SADD"是向Redis的集合类型中添加数据;"HSET"是向Redis中添加hash类型数据。从运行的结果看，每一种类型数据的操作速度都在10万次每秒以上，这比一般的关系型数据库要快很多，所以Redis单独对数据操作性能是非常优秀的，常用于企业的缓存数据库。

但如果不能合理使用Redis，也常常导致一些性能问题，如Redis穿透、雪崩、击穿，是大家听到最多的Redis性能相关的问题。

### 5.7.12 Redis常见性能问题

Redis 穿透、雪崩、击穿，是最常见的 Redis 问题

Redis 穿透，是在调用 Redis 时，获取的 key 在 Redis 中不存在，只好去存储层的数据库中获取。这样，就失去了 Redis 做为缓存，保护存储层数据库的意义。解决这个问题，可以在程序代码中对 key 进行判断，过滤掉无效的 key。

Redis 雪崩，是 Redis 中的大量 key 在同一时间失效，程序在调用这些 key 的时候，都要去存储层的数据库中获取，导致存储层的数据库瞬间压力非常大，甚至数据库宕机。解决这个问题，可以在生成 key 时，随机生成一个有效时间，这样，就能降低大面积 key 瞬间失效的概率。

Redis 击穿，在调用 Redis 时，持续长时间大并发请求同一个热点 key，在这个 key 失效的瞬间，大量请求通过 Redis 直接请求都了后面的存储层数据库，造成存储层数据库压力非常大，这就是 Redis 的击穿。

### 5.7.13 Redis监控

实现用 prometheus 监控平台监控 Redis，需要安装 redis_exporter。

①下载安装 redis_exporter。

```
# 下载
wget https://github.com/oliver006/redis_exporter/releases/download/
v1.17.1/redis_exporter-v1.17.1.linux-amd64.tar.gz
# 解压
tar xzf redis_exporter-v1.17.1.linux-amd64.tar.gz
# 启动
cd redis_exporter-v1.17.1.linux-amd64
nohup ./redis_exporter &
```

②修改 prometheus.yml 配置文件。

```
- job_name: 'redis-export'
  static_configs:
  - targets: ['redis的ip:9121']
```

③启动 grafana 和 prometheus。

④登录 grafana 平台，引入模板 763。

引入模板后，就能看到监控界面如下所示。

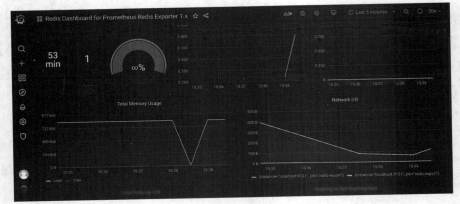

图5-7-11 数据库知识-Redis-1

# 服务器架构演进——阶段四

随着云服务器和虚拟化技术的成熟，服务上云已经非常普及，把应用服务进行拆分，分别部署到不同的容器中。逐步演变成为企业中普遍使用的微服务 + 前后端分离 + 容器化部署的整体架构。

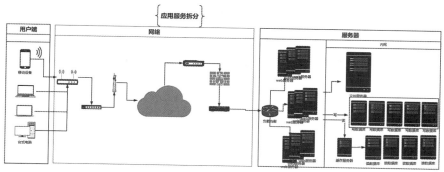

*服务器架构演进(四)-服务器架构演进8*

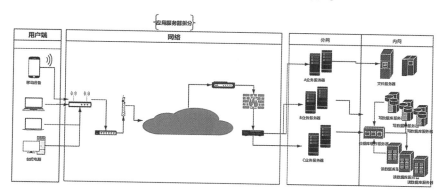

*服务器架构演进(四)-服务器架构演进9*

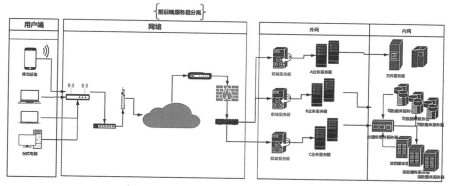

*服务器架构演进(四)-服务器架构演进10*

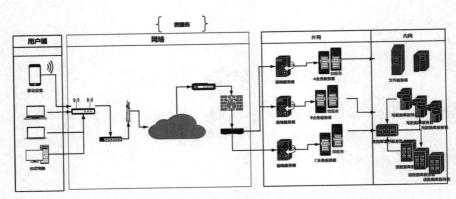

服务器架构演进(四)-服务器架构演进11

服务器架构的演进过程，是一个不断追求服务性能的演化过程，本章节会用服务器架构演进过程作为一个引子，讲解各个环节的性能调优知识。

## ◎ 5.8 容器化

### 5.8.1 docker 知识

Docker 是一个开源的基于 GO 语言的应用容器引擎，它遵循 Apache2.0 开源协议。可以让开发者打包自己的应用以及依赖包到一个可以移植的容器中，然后发布到任何操作系统上。每个容器可以理解为一个微型服务器，因为每个容器里面都有一个小型 Linux 系统，且容器与容器之间采用沙箱机制，相互隔离互不影响。

Docker 的镜像（image）是一个最小的 linux root 文件系统，是运行服务的最小依赖系统。

Docker 的容器（container）是一个沙箱，相互之间没有任何接口，自身性能开销极低，是镜像的运行实体，容器内部其实是一个完整的 linux 内核系统（cgroups、namespace、unionFS）。

Docker 的仓库（repository）是一个专门用来管理、维护、保存镜像的地方。仓库分公有仓库和私有仓库，https://hub.docker.com/ 就是 docker 官方的公有仓库地址。仓库中包含了很多软件，每个软件又用不同的标签 tag 进行区分。从仓库中获取某个软件的镜像时，一般会在软件名称后面跟冒号，再写上标签 tag 来指定下载特定版本镜像。

### 5.8.2 docker 安装

```
准备一台 centos 机器。
# 安装 docker 依赖
yum install -y yum-utils device-mapper-persistent-data lvm2


# 一键安装命令
curl -fsSL https://get.docker.com | bash -s docker --mirror Aliyun


# 配置开机自启动 docker 软件
systemctl enable docker


# 重启动 docker 软件
systemctl restart docker


# 删除 docker
yum remove docker-ce
rm -rf /var/lib/docker


# 如果使用非超管安装，执行 docker 相关命令，请切换为 root 用户权限
```

### 5.8.3 docker 使用

安装好 docker，可以用"docker --help"获取帮助。docker 命令有很多子命令，子命令分为管理命令和操作命令，每个子命令都可以用"docker 子命令 --help"方式获取帮助。

表5-8-1　docker常用子命令

| 命令 | 描述 | 解释 |
|------|------|------|
| cp | Copy files/folders between a container and the local filesystem | 在容器和本地之间拷贝文件或文件夹 |
| exec | Run a command in a running container | 进入容器内部 |
| images | List images | 列出镜像 |
| info | Display system-wide information | 显示系统信息 |
| pull | Pull an image or a repository from a registry | 从仓库中拉取镜像 |
| ps | List containers | 列出容器 |
| rmi | Remove one or more images | 移除一个或多个镜像 |
| rm | Remove one or more containers | 移除一个或多个容器 |
| run | Run a command in a new container | 运行一个新容器 |
| create | Create a new container | 创建一个新容器 |
| start\restart\stop\stats | Start\Restart\Stop\statistics one or more running containers | 启动、重启、停止、容器状态 |
| logs | Fetch the logs of a container | 刷新显示容器日志 |

每个子命令都可以用"docker 子命令 --help"方式获取帮助。

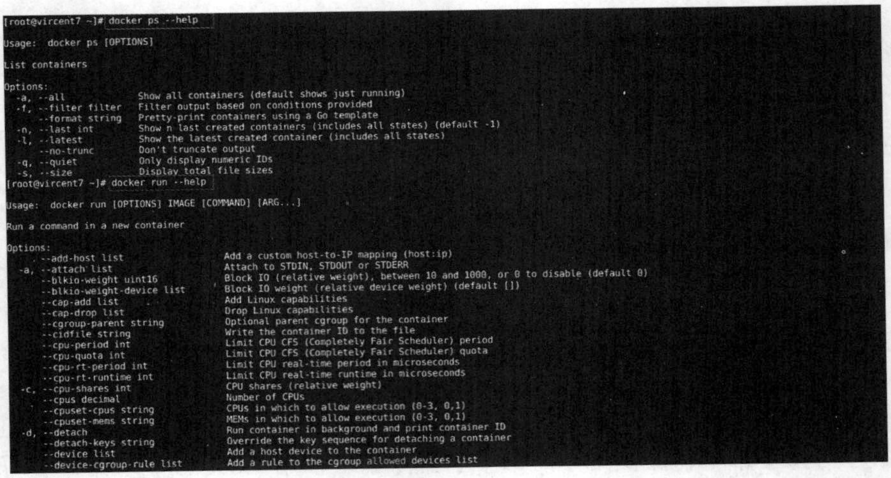

图5-8-1 docker容器化-1

## 一、获取镜像

①在浏览器中访问 http://hub.docker.com。

②在页面搜索框中，输入想要获取的软件名称。如：tomcat。

③切换到"Tags"页签，找到自己需要标签 Tag。

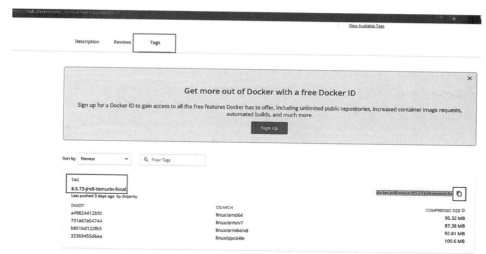

图5-8-2 docker容器化-2

④在安装了 docker 的机器上，执行"docker pull 软件名称:tag 标签"，如
"docker pull tomcat:8.5.73-jre8-temurin-focal"下载镜像

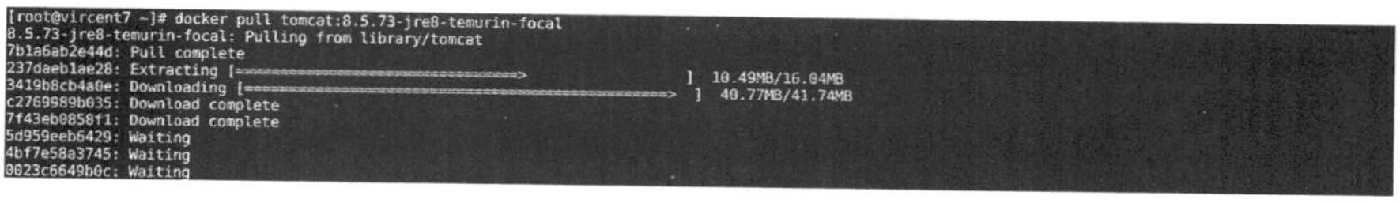

图5-8-3 docker容器化-3

## 二、查看本地下载的镜像

执行："docker images"。

图5-8-4 docker容器化-4

## 三、删除本地镜像

执行："docker rmi -f tomcat:8.5.73-jre8-temurin-focal"。

docker rmi 是删除镜像，-f 是强制的意思，后面跟镜像名称，冒号后面是镜像的标签号。

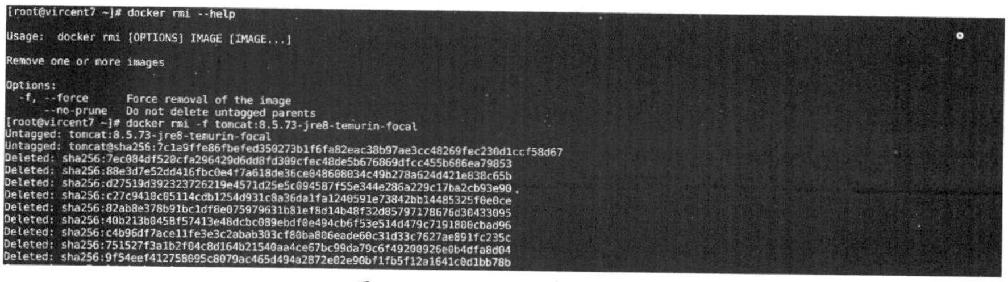

图5-8-5 docker容器化-5

#### 四、创建容器

创建容器可以使用"docker create"或"docker run"。docker create 只是创建容器，但是容器没有运行起来；docker run 创建的容器会直接运行起来。

"docker run"的参数很多，可以通过"docker run --help"查看详细帮助，下表是 Docker 运行容器常见的一些参数。

表5-8-2　docker运行容器常用参数

| 参数 | 描述 | 意思 |
| --- | --- | --- |
| -i, --interactive | Keep STDIN open even if not attached | 以交互模式运行容器 |
| -t, --tty | Allocate a pseudo-TTY | 为容器分配一个伪输入终端 |
| -d, --detach | Run container in background and print container ID | 后台运行容器，并输出容器 id |
| -e, --env list | Set environment variables | 设置环境变量 |
| -p, --publish list | Publish a container's port(s) to the host | 指定容器端口映射到宿主机 宿主机端口：容器端口 |
| -v, --volume list | Bind mount a volume | 容器路径映射到宿主机路径 |
| --name string | Assign a name to the container | 指定容器名称 |
| --network network | Connect a container to a network | 指定容器连接的网络 |
| --link list | Add link to another container | 链接另外一个容器 --link 容器a的名称：别名 |

下面是创建一个 tomcat 容器的命令。

```
docker run -itd --name tomcat_name -p 8080:8080 tomcat:8.5.73-jre8-
temurin-focal
# 命令解析
# -itd 用虚拟终端的交互模式在后台运行容器，在终端中显示容器 id
# --name tomcat_name 指定容器的名称，可以自定义。
# -p 8080:8080 指定容器中的端口映射到宿主机的端口。冒号前面是宿主机端口，后面是容器中服务端口。如果不加这一句，容器中的服务正常启动后，容器外部是不能访问服务的。宿主机的端口可以自定义 1024 以上的端口，但是端口不能被占用，如果被占用，则容器不能正常启动。
# tomcat:8.5.73-jre8-temurin-focal 容器使用的镜像及镜像标签。首先从本地宿主机找，如果找到，则使用本地的镜像，如果没有，则先执行 docker pull 命令 从 dockerhub 官网下载镜像到本地，然后再创建容器。
```

## 五、查看容器

执行“docker ps”。

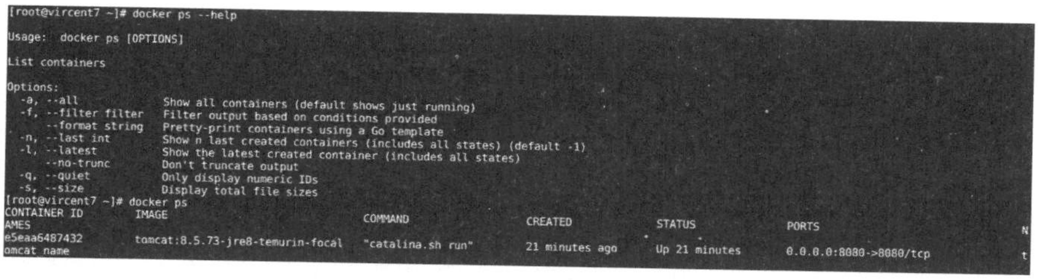

```
[root@vircent7 ~]# docker ps --help

Usage:  docker ps [OPTIONS]

List containers

Options:
  -a, --all             Show all containers (default shows just running)
  -f, --filter filter   Filter output based on conditions provided
      --format string   Pretty-print containers using a Go template
  -n, --last int        Show n last created containers (includes all states) (default -1)
  -l, --latest          Show the latest created container (includes all states)
      --no-trunc        Don't truncate output
  -q, --quiet           Only display numeric IDs
  -s, --size            Display total file sizes
[root@vircent7 ~]# docker ps
CONTAINER ID   IMAGE                              COMMAND             CREATED          STATUS          PORTS                    N
AMES
e5eaa6487432   tomcat:8.5.73-jre8-temurin-focal   "catalina.sh run"   21 minutes ago   Up 21 minutes   0.0.0.0:8080->8080/tcp   t
omcat_name
```

图5-8-6 docker容器化-6

“docker ps”查看正在运行的容器。

docker ps -a”查看所有容器，包括未运行的容器。

对于上述命令获取到的 docker 信息，可以根据下表来进行对照分析：

表5-8-3 docker信息

| 项 | 意思 |
|---|---|
| CONTAINER ID | 容器 id |
| COMMAND | 容器中执行的命令 |
| STATUS | 容器目前的状态 |
| NAME | 容器名称 |
| IMAGE | 容器使用的镜像 |
| CREATED | 创建的时间 |
| PORT | 容器开放的端口 |

## 六、管理容器

重启容器 \ 停止容器 \ 启动容器的指令：“docker restart\stop\start 容器名称或容器 id”。

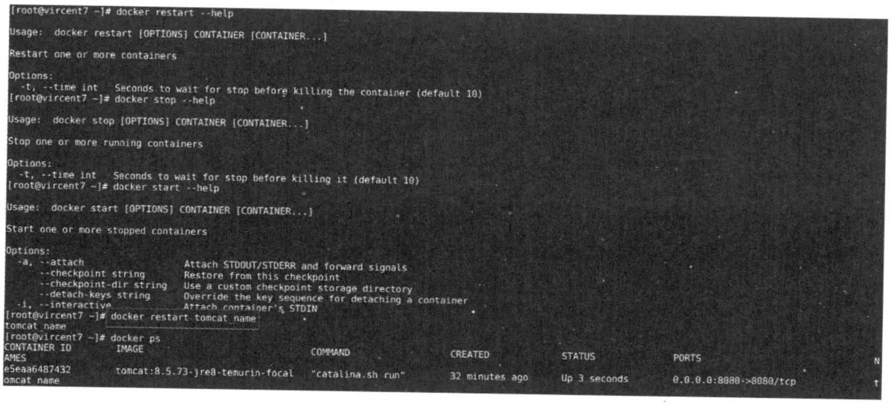

```
[root@vircent7 ~]# docker restart --help

Usage:  docker restart [OPTIONS] CONTAINER [CONTAINER...]

Restart one or more containers

Options:
  -t, --time int   Seconds to wait for stop before killing the container (default 10)
[root@vircent7 ~]# docker stop --help

Usage:  docker stop [OPTIONS] CONTAINER [CONTAINER...]

Stop one or more running containers

Options:
  -t, --time int   Seconds to wait for stop before killing it (default 10)
[root@vircent7 ~]# docker start --help

Usage:  docker start [OPTIONS] CONTAINER [CONTAINER...]

Start one or more stopped containers

Options:
  -a, --attach                  Attach STDOUT/STDERR and forward signals
      --checkpoint string       Restore from this checkpoint
      --checkpoint-dir string   Use a custom checkpoint storage directory
      --detach-keys string      Override the key sequence for detaching a container
  -i, --interactive             Attach container's STDIN
[root@vircent7 ~]# docker restart tomcat_name
tomcat_name
[root@vircent7 ~]# docker ps
CONTAINER ID   IMAGE                              COMMAND             CREATED          STATUS         PORTS                    N
AMES
e5eaa6487432   tomcat:8.5.73-jre8-temurin-focal   "catalina.sh run"   32 minutes ago   Up 3 seconds   0.0.0.0:8080->8080/tcp   t
omcat_name
```

图5-8-7 docker容器化-7

## 七、查看容器运行日志

执行"docker logs 容器名称或 id"。

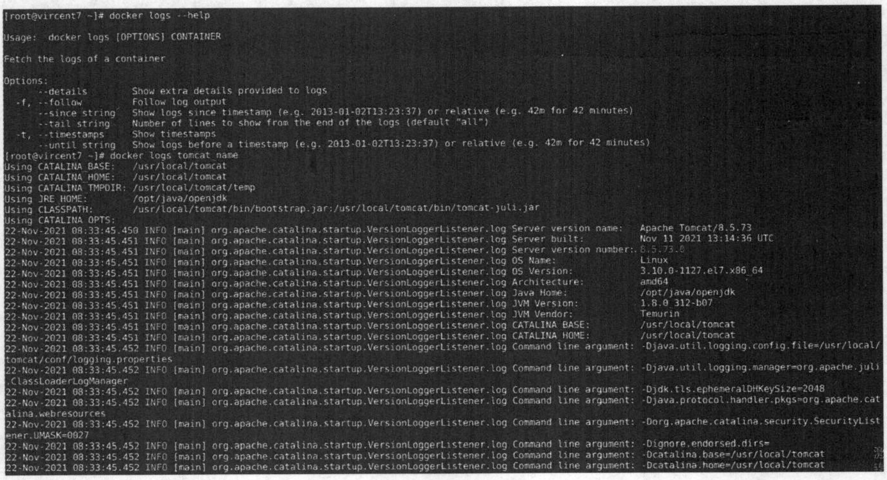

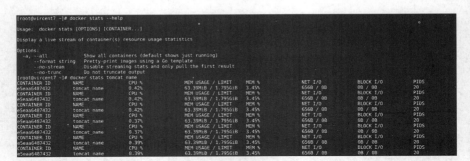

图5-8-8 docker容器化-8

## 八、查看容器运行状态

执行："docker stats 容器名称或容器 id"，按"ctrl + c"可以退出当前界面。

图5-8-9 docker容器化-9

## 九、查看容器详细信息

执行："docker inspect 容器名称或容器 id"。

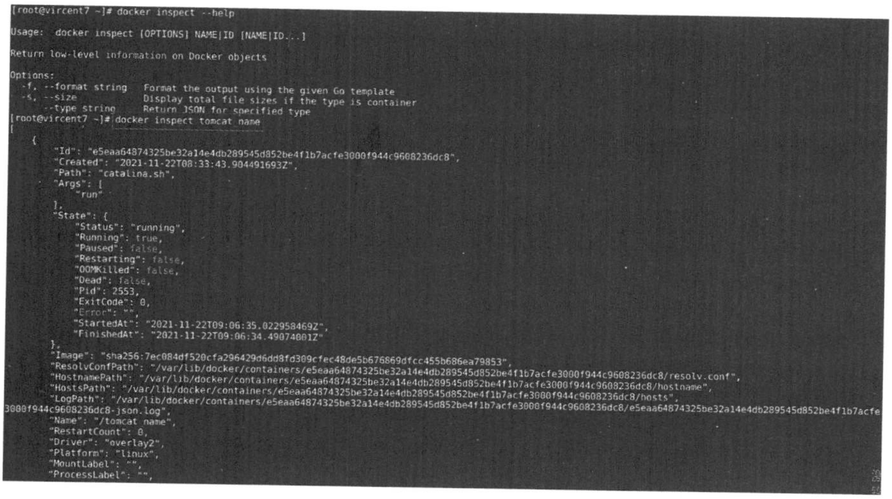

```
[root@vircent7 ~]# docker inspect --help

Usage:  docker inspect [OPTIONS] NAME|ID [NAME|ID...]

Return low-level information on Docker objects

Options:
  -f, --format string   Format the output using the given Go template
  -s, --size            Display total file sizes if the type is container
      --type string     Return JSON for specified type
[root@vircent7 ~]# docker inspect tomcat name
[
    {
        "Id": "e5eaa64874325be32a14e4db289545d852be4f1b7acfe3000f944c9608236dc8",
        "Created": "2021-11-22T08:33:43.904491693Z",
        "Path": "catalina.sh",
        "Args": [
            "run"
        ],
        "State": {
            "Status": "running",
            "Running": true,
            "Paused": false,
            "Restarting": false,
            "OOMKilled": false,
            "Dead": false,
            "Pid": 2553,
            "ExitCode": 0,
            "Error": "",
            "StartedAt": "2021-11-22T09:06:35.022958469Z",
            "FinishedAt": "2021-11-22T09:06:34.490748001Z"
        },
        "Image": "sha256:7ec084df520cfa296429d6dd8fd309cfec48de5b676869dfcc455b686ea79853",
        "ResolvConfPath": "/var/lib/docker/containers/e5eaa64874325be32a14e4db289545d852be4f1b7acfe3000f944c9608236dc8/resolv.conf",
        "HostnamePath": "/var/lib/docker/containers/e5eaa64874325be32a14e4db289545d852be4f1b7acfe3000f944c9608236dc8/hostname",
        "HostsPath": "/var/lib/docker/containers/e5eaa64874325be32a14e4db289545d852be4f1b7acfe3000f944c9608236dc8/hosts",
        "LogPath": "/var/lib/docker/containers/e5eaa64874325be32a14e4db289545d852be4f1b7acfe3000f944c9608236dc8/e5eaa64874325be32a14e4db289545d852be4f1b7acfe
3000f944c9608236dc8-json.log",
        "Name": "/tomcat name",
        "RestartCount": 0,
        "Driver": "overlay2",
        "Platform": "linux",
        "MountLabel": "",
        "ProcessLabel": "",
```

图5-8-10 docker容器化-10

其中“Address”为当前容器的 ip 地址。

## 十、进入容器内部

执行:“docker exec -it 容器名称或容器 id /bin/bash”，或是“/bin/sh”。

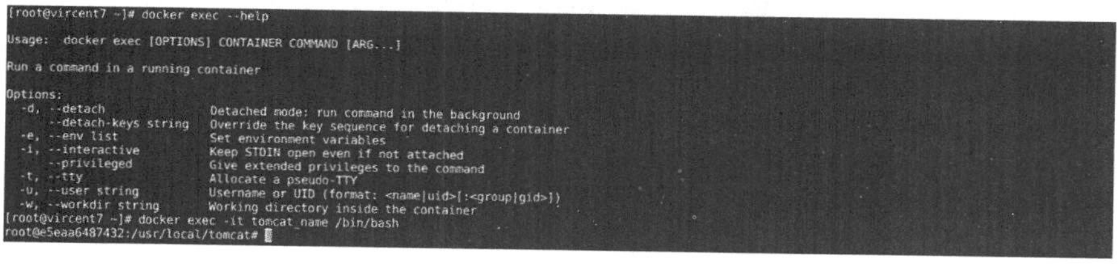

```
[root@vircent7 ~]# docker exec --help

Usage:  docker exec [OPTIONS] CONTAINER COMMAND [ARG...]

Run a command in a running container

Options:
  -d, --detach               Detached mode: run command in the background
      --detach-keys string   Override the key sequence for detaching a container
  -e, --env list             Set environment variables
  -i, --interactive          Keep STDIN open even if not attached
      --privileged           Give extended privileges to the command
  -t, --tty                  Allocate a pseudo-TTY
  -u, --user string          Username or UID (format: <name|uid>[:<group|gid>])
  -w, --workdir string       Working directory inside the container
[root@vircent7 ~]# docker exec -it tomcat_name /bin/bash
root@e5eaa6487432:/usr/local/tomcat#
```

图5-8-11 docker容器化-11

退出容器:“exit”。

## 十一、容器与宿主机进行文件交换

执行:“docker cp 容器名称或容器 id:/ 容器中文件路径 宿主机路径”，从容器中某个路径下，拷贝文件或文件夹到宿主机某个路径。

执行:“docker cp 宿主机路径 容器名称或容器 id:/ 容器中文件路径”，从宿主机某个路径拷贝文件到容器中指定路径。

## 十二、删除容器

执行:“docker rm -f 容器名称或容器 id”。

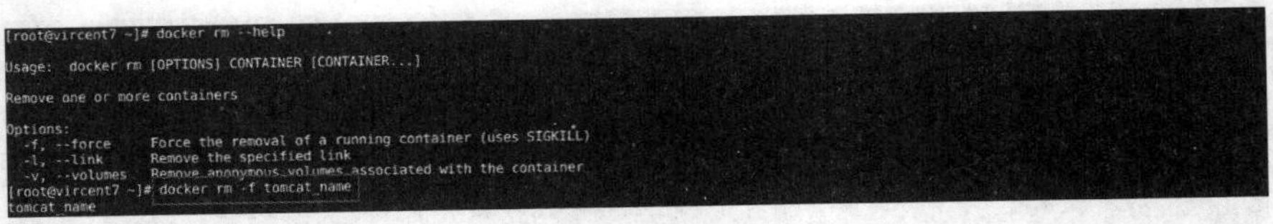

图5-8-12 docker容器化-12

-f 表示强制删除，可以删除运行中和停止状态的容器。

## 5.8.4 docker网络

docker 的每个容器都是一个沙箱，里面是一个微型 linux 系统，有自己的网络，类似一个微型服务器。通过设置容器的网络可以把不同的容器接入不同的 docker 网络。

Docker 网络命令帮助："docker network --help"。

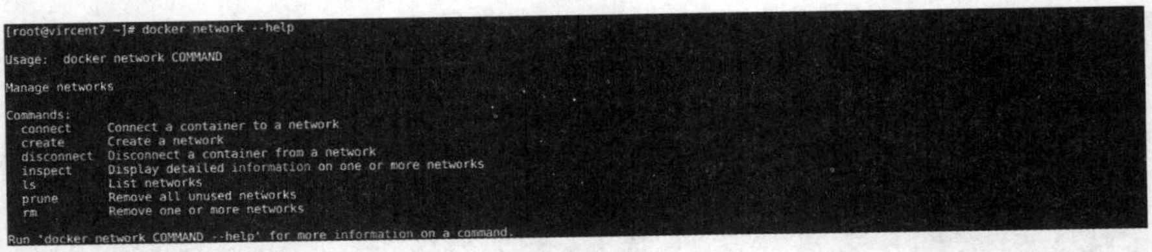

图5-8-13 docker容器化-13

表5-8-4　network相关命令

| 命令 | 意思 |
| --- | --- |
| connect | 容器连接到一个网络 |
| disconnect | 容器从某个容器网络中断开 |
| ls | 列出所有的容器网络 |
| rm | 删除 1 个或多个容器网络 |
| create | 创建一个容器网络 |
| inspect | 展示某个容器网络的详细信息 |
| prune | 删除所有未使用的容器网络 |

**一、创建网络：**

执行："docker network create 自定义网络名称"。

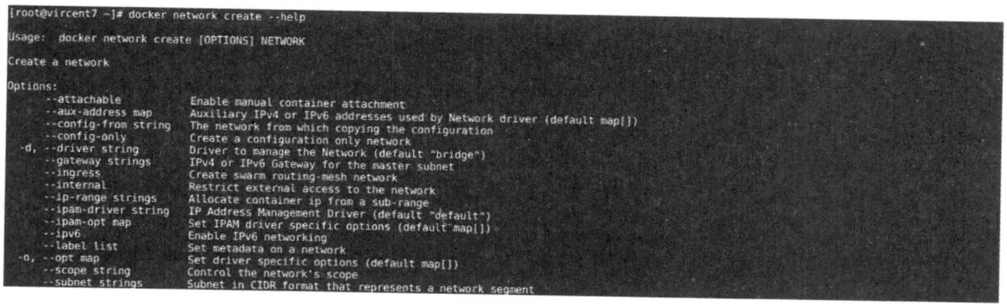

```
[root@vircent7 ~]# docker network create --help

Usage:  docker network create [OPTIONS] NETWORK

Create a network

Options:
      --attachable           Enable manual container attachment
      --aux-address map      Auxiliary IPv4 or IPv6 addresses used by Network driver (default map[])
      --config-from string   The network from which copying the configuration
      --config-only          Create a configuration only network
  -d, --driver string        Driver to manage the Network (default "bridge")
      --gateway strings      IPv4 or IPv6 Gateway for the master subnet
      --ingress              Create swarm routing-mesh network
      --internal             Restrict external access to the network
      --ip-range strings     Allocate container ip from a sub-range
      --ipam-driver string   IP Address Management Driver (default "default")
      --ipam-opt map         Set IPAM driver specific options (default map[])
      --ipv6                 Enable IPv6 networking
      --label list           Set metadata on a network
  -o, --opt map              Set driver specific options (default map[])
      --scope string         Control the network's scope
      --subnet strings       Subnet in CIDR format that represents a network segment
```

图5-8-14 docker容器化-14

## 二、显示所有网络

执行:“docker network ls”。

## 三、容器连接网络

执行:“docker network connect 网络名称 容器名称”。

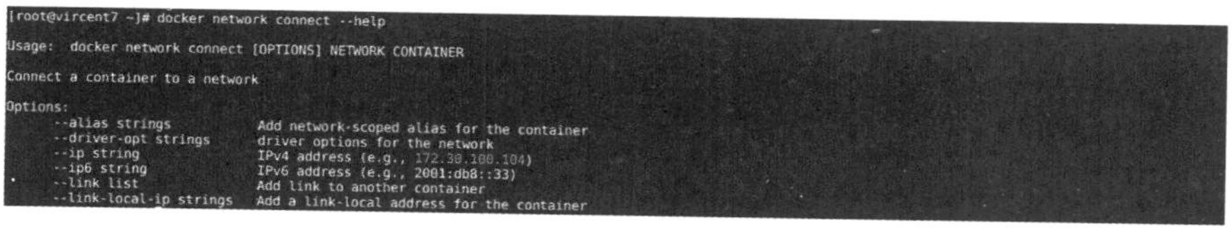

```
[root@vircent7 ~]# docker network connect --help

Usage:  docker network connect [OPTIONS] NETWORK CONTAINER

Connect a container to a network

Options:
      --alias strings           Add network-scoped alias for the container
      --driver-opt strings      driver options for the network
      --ip string               IPv4 address (e.g., 172.30.100.104)
      --ip6 string              IPv6 address (e.g., 2001:db8::33)
      --link list               Add link to another container
      --link-local-ip strings   Add a link-local address for the container
```

图5-8-15 docker容器化-15

## 四、删除网络

执行:“docker network rm 网络名称”。

## 5.8.5 docker容器优化思路

Docker 容器是一个微型 linux 系统，它也可以单独配置 CPU、内存等资源，通过执行“docker stats 容器名称或容器 id”命令，可以实时观察容器的资源使用情况，从而对 docker 容器资源进行调整，实现容器性能调优。

另外也可以通过创建独立的 docker 网络，把一些容器连接到同一个网络中，降低容器间网络通信的延迟。默认一台服务器中的所有容器，都是与宿主机通信，然后再通过宿主机与另外容器通信，如果建立独立容器网络，就可以实现容器间互联，这样通信速度可以更快，相应的性能也能得到提升。

## 5.8.6 docker 监控

要实现 prometheus 监控平台监控 docker 容器，需要安装 cAdvisor。

1）安装 cAdvisor

```
docker run --volume=/:/rootfs:ro \
    --volume=/var/run:/var/run:ro \
    --volume=/sys:/sys:ro \
    --volume=/var/lib/docker/:/var/lib/docker:ro \
    --volume=/dev/disk/:/dev/disk:ro \
    --publish=8880:8080 \
    --detach=true \
    --name=cadvisor \
    --privileged \
    --device=/dev/kmsg \
    google/cadvisor
```

执行成功后，可以用浏览器访问 http:// 服务器 ip:8880，查看 cAdvisor 运行是否正常。

2）修改 prometheus.yml 配置文件。

```
- job_name: 'cAdvisor'
  static_configs:
  - targets: [' 被监控机器 ip:8880']
```

3）启动 prometheus 和 grafana。

4）登录 grafana 平台，引入模板 193。

引入模板后，就会看到监控界面如下所示。

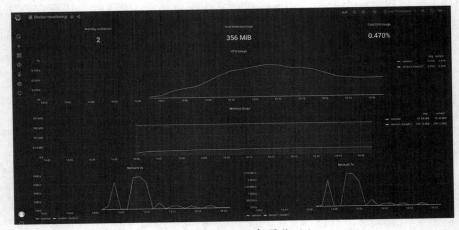

图 5-8-16 docker容器化-16

## ◎ 5.9 章节小结

这一章性能分析内容很多，既是本书的重点，也是高级性能测试人员必须掌握的一个章节。本章通过对服务器架构演进的四个阶段为主线串联的讲解了服务器基础、linux 知识、linux 性能分析命令、服务器性能问题定位、硬件性能问题定位与分析、应用服务性能定位与分析、数据库性能问题定位与分析、docker 微服务性能分析。

其中数据库性能分析是重中之重，企业中大概有 70% 的性能问题都与数据库有一定的关系，所以期望读者能重点学习和掌握这一块知识。